城市地下空间开发对城市微气候的影响

苏小超　赵旭东　张俊男　著

东南大学出版社
SOUTHEAST UNIVERSITY PRESS
·南京·

图书在版编目(CIP)数据

城市地下空间开发对城市微气候的影响 / 苏小超,
赵旭东,张俊男著. —— 南京:东南大学出版社,2022.8
ISBN 978 - 7 - 5766 - 0221 - 0

Ⅰ.①城… Ⅱ.①苏… ②赵… ③张… Ⅲ.①城市空
间－地下建筑物－开发－影响－城市气候 Ⅳ.
①P463.3

中国版本图书馆 CIP 数据核字(2022)第 150844 号

责任编辑:魏晓平 责任校对:张万莹 封面设计:毕 真 责任印制:周荣虎

城市地下空间开发对城市微气候的影响

Chengshi Dixia Kongjian Kaifa Dui Chengshi Weiqihou De Yingxiang

著 者 苏小超 赵旭东 张俊男
出版发行 东南大学出版社
社 址 南京市四牌楼 2 号(邮编:210096 电话:025 - 83793330)
经 销 全国各地新华书店
印 刷 南京新世纪联盟印务有限公司
开 本 700 mm×1000 mm 1/16
印 张 9.75
字 数 198 千字
版 次 2022 年 8 月第 1 版
印 次 2022 年 8 月第 1 次印刷
书 号 ISBN 978 - 7 - 5766 - 0221 - 0
定 价 68.00 元

本社图书若有印装质量问题,请直接与营销部联系,电话:025 - 83791830。

序 言 preface

河南省政协常委、人口资源环境委员会副主任
原河南省人民防空办公室党组书记、主任　　　贾宏伟

应对气候变化,事关中华民族永续发展,事关人类前途命运。2020年,我国向全世界庄严宣示:二氧化碳排放力争于2030年前达到峰值,努力争取2060年前实现碳中和。用30年左右的时间由碳达峰实现碳中和,完成全球最高碳排放强度降幅,是一场广泛而深刻的经济社会系统性变革,可谓任重道远,亘古未见。

二氧化碳的累积排放,是引发气候变化的主要原因。国家最高科学技术奖获得者钱七虎院士指出:"全球变暖的罪魁祸首是碳排放,全球温室气体排放有三分之二来自城市,应对之策是碳减排与碳负排放(碳吸收),又称碳汇。"我们必须秉持人与自然生命共同体理念,坚定走生态优先、绿色低碳、循环可持续发展道路,持续巩固提升生态系统碳汇能力,让天蓝、水清、土净、地绿、景美和宜人、宜居、宜业、宜游成为我国新型城镇化高质量建设和发展的鲜明生态底色。

在当前国土空间规划三条红线约束下,往地下要空间、要资源,建设地上地下一体化、互相衔接、互相协调的立体化城市已成为城市可持续发展的战略选择。用生态筑底、绿色发展,持续提升碳汇能力,已成为建设生态低碳宜居美丽城市的重要途径。实施减污降碳协同治理,加大温室气体排放控制力度,有效控制重点工业企业温室气体排放,推动城乡建设和建筑领域绿色低碳发展,构建绿色低碳交通、物流体系,已成为标本兼治"城市病",解决人口、资源、环境三大危机的重要手段。近年来,我国许多城市尤其是大城市,立足当地资源禀赋,坚持先立后破,积极成规模开发利用城市地下空间,有计划有步骤实施碳排放总量和强度"双控"制度,推动能源清洁高效利用,推进工业、建筑、

交通、物流等领域清洁低碳转型，为推进"碳达峰碳中和"，探索了实践路径，积累了有益经验，提供了特色方案。

苏小超、赵旭东、张俊男三位年青学者的这本专著撷取大量工程实践中的突出问题加以归纳提炼，从城市地下空间开发利用视角，融合城市地下空间、城市规划、风景园林、城市微气候等多个学科研究成果，探索城市地下空间对城市微气候的影响机理，并运用CFD技术通过大量案例的数值模拟，量化分析城市地下空间开发对城市微气候的影响规律，得出了颇具前瞻性、实用性、学理性的研究成果，对城市地下空间开发利用可资借鉴，对城市生态低碳发展、实现"碳达峰碳中和"也大有裨益。

道阻且长，行则将至；行而不辍，未来可期。"城市地下空间开发对城市微气候的影响"作为一个全新的课题，需要做的后续研究工作还有很多。希望作者以国家战略需求为导向，深耕细作、洞隐烛微、致知穷理、笃行致远，力求取得更多原创性、引领性、实操性成果，更好地服务经济社会发展主战场，满足人民群众对美好生活的新期盼，为推动绿色发展，促进人与自然和谐共生作出更大贡献！

2022 年 11 月于深圳

前 言 preface

　　全球气候变暖是全人类面临的共同挑战,气候极端变化不仅影响自然环境,也会影响经济社会可持续发展。联合国秘书长安东尼奥·古特雷斯(António Guterres)指出:"虽然新冠肺炎病毒是目前最大的担忧,但气候变化仍然是当代面临的核心挑战。"随着新型城镇化的深入推进,我国对人居环境质量提出了新要求。然而,目前交通拥堵、资源紧缺、空气污染、雨洪内涝等"城市病"突显,尤其城市热岛效应加剧、雾霾天气增加、空气污染严重等一系列城市微气候问题,严重威胁人民健康,阻碍城市可持续发展。在此背景下,应采取何种措施有效改善城市微气候,为城市居民生活、工作、娱乐等活动提供舒适的室外空间环境,不仅是新型城镇化发展亟须解决的问题,也是城市建设者面临的重要挑战。

　　地下空间作为城市土地空间资源的重要组成部分,在医治"城市病",解决城市人口、资源和环境三大危机,实现城市可持续发展方面具有明显优势。近年来,我国各大城市大规模开发利用城市地下空间,开发量以年均 20% 的速度增加。据统计,截至 2020 年底,我国城市地下空间累计建设 24 亿 m^2。"十三五"期间,我国累计新增地下空间建筑面积达到 13.3 亿 m^2,直接投资总规模约 8 万亿元,为推动我国经济有效增长、推进供给侧结构性改革提供了重要产业支撑。我国已经成为领军世界的地下空间强国。

　　保护和改善城市环境已成为目前城市地下空间开发利用的主要动因之一,相关工程实践也得到了政府和学者的重视和认可。然而,对于地下空间开发对改善城市环境的积极作用,更多地是停留在工程层面上的经验认知,缺少理论层面上的系统研究;并且对于地下空间开发对城市环境可能带来的负面影响,目前还鲜有研究。本书结合城市规划及城市问题研究领域的焦点问题及交叉学科发展前沿——城市规划、建筑学、风景园林以及城市气候学的研究成果,将城市微气候问题引入地下空间学科领域,以城市微气候指标作为量化指标和突破点,探索地下空间开发对城市微气候的影响机理、影响因素与影响规律,并进行量化评价,助推城市地下空间科学、合理、绿色地开发利用。

应对气候变化是全球的焦点,当前我国作出了"力争 2030 年前实现碳达峰,2060 年前实现碳中和"的承诺。城市地下空间开发是城市可持续发展的必然选择,对"碳达峰、碳中和"都可以发挥重大作用,做出积极贡献。在"碳达峰、碳中和"背景下,科学、合理地开发利用城市地下空间,营造舒适、绿色、健康的城市环境成为地下空间学科发展的重要方向。本书对于研究地下空间与"碳达峰、碳中和"以及促进地下空间学科的理论发展都具有积极意义。同时,从科学技术研究的趋势——交叉学科研究而言,本书也是一本典型的交叉学科研究著作,不仅能够为城市规划、城市设计、建筑学、风景园林等学科交叉研究城市微气候提供新的借鉴思路,也有助于城市微气候领域的理论发展。

该研究对于地下空间学科来说是一个全新的课题,正处于起步发展阶段,书中难免会有不足之处,敬请广大同仁和读者批评指正。

苏小超

2022 年于郑州

目 录 contents

第1章 绪论

1.1 研究背景

1.1.1 城市化与城市微气候

城市微气候也称城市小气候,指的是在一定区域范围内,由城市下垫面构造特性所决定的动植物赖以生存的近地面气候环境,与城市居民的生活、工作、娱乐等活动息息相关[1]。从垂直角度看(图1-1),城市微气候现象主要发生在地表与城市建筑顶部之间形成的城市冠层内。城市的高密度建设能够改变城市环境的大气组分、下垫面属性,影响城市通风廊道,对城市微气候的变化具有重要影响[2]。而在城市冠层以上的大气边界层,其上方的空气主要受大尺度的大气变化过程影响,对近地面的微气候变化反应比较迟钝。

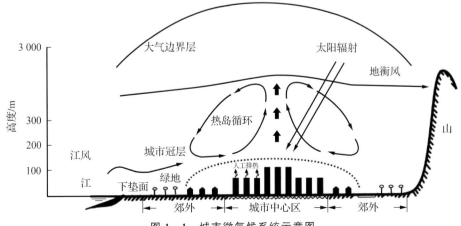

图1-1 城市微气候系统示意图

近年来,随着我国新型城镇化的深入推进,大量人口涌入城市,城市建设规模不断扩大,城市人口与资源的集聚使得城市发展对城市空间资源的需求也越来越大。为了解决城市空间资源紧缺问题,一方面,城市建设走粗犷性的扩张道路,逐渐往郊区发展;另一方面,一栋栋城市高楼拔地而起,以创造更多的城市空间。这样虽然在短时间内缓解了城市发展与城市空间资源紧缺之间的矛盾,但是,大规模的城市建设也引发了诸如城市热岛效应加剧、雾霾天气增加、空气质量下降等一系列城市微气候恶化问题。相关专家研究指出城镇化水平的发展与城市环境污染指数呈现出正相关关系(图 1-2)[3]。

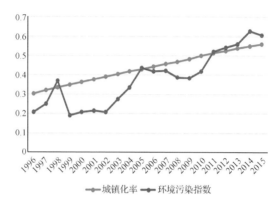

图 1-2　城镇化发展与环境污染的变化趋势

城市微气候恶化给城市居民的生活、工作,甚至是生存都带来了恶劣的影响。近年来,我国城市热岛效应明显,夏季高温天气持续增多,影响范围不断扩大,空气温度屡屡打破历史最高值(图 1-3)。据报道,2018 年 7 月我国大部分城市气温较常年同期偏高,辽宁、重庆、山东、河南等地偏高 1~4℃,重庆连续 7 天气温超过 40 ℃。夏季持续的室外高温会降低城市居民室外活动的热舒适性和积极性[4-5],并且会增加建筑的空调能耗[6-7]。以郑州为例,2018 年 7 月郑州单日用电负荷高达 5 007 万 kW·h,创历史新高。夏季高温热浪甚至会提高人员的死亡率。在1989—2000 年期间,美国夏季热岛效应所引起的死亡率峰值高达 5.7%,死亡人数超过了飓风、洪水和龙卷风所引起的死亡总数[8]。随着人们生活水平的提高以及对生态环境重视程度的增加,有的城市甚至出现城市居民迁出城市,选择前往环境质量更好的郊区居住的逆城市化现象。那么,面对城市微气候恶化的现状,应采取何种措施来有效改善城市微气候,为城市居民的生活、工作、娱乐等活动提供舒适的室外空间环境,不仅是城市居民的强烈诉求,也是城市建设者面临的重要挑战。

图1-3 全国平均气温分布图

目前,城市微气候恶化问题得到了公众、政府和各领域学者的密切关注。为了应对这一问题,我国作出了"力争2030年前实现碳达峰,2060年前实现碳中和"的承诺,出台了《民用建筑绿色性能计算标准》(JGJ/T 449—2018)、《绿色建筑评价标准》(GB/T 50378—2019)等标准,构建了室外热环境的评价体系。城市规划、城市设计、建筑学、风景园林等各领域的学者从各自学科出发,相继提出了诸如优化城市布局[9-11]、改变城市下垫面属性[12-13]、增加城市绿地面积[14]、优化建筑设计与绿化配置[14-19]等一系列措施,以缓解城市热岛效应,改善城市微气候。

然而,在城市土地资源稀缺的情况下,通过改变城市用地属性来提高城市绿地率、降低城市密度和容积率从而改善城市环境的方式已呈现日益明显的局限性[20]。城市的大规模、高密度建设,导致城市建设用地严重不足,目前城市建设用地的使用程度已经接近饱和,地面空间容量已经没有太多的开发潜力(图1-4)。北京、上海、深圳、广州等一线城市的人均路面占有量不足7 m²。美国洛杉矶市调研后认为即使采用"高架"的形式也没有建设的可能性,因为"高架"仍然会有"足迹"(footprint)占用地面面积,而地面已没有可以利用的空间了,倘若继续通过扩大城市容积率和建筑密度等方式发展城市,城市微气候质量只会更加恶化[21]。

图1-4 香港太平山高密度城市空间

1.1.2 城市地下空间与城市微气候

近年来,在医治"城市病",解决城市人口、资源和环境三大危机,实现城市可持续发展方面具有明显优势的城市地下空间开发相继在我国各大城市开展起来,并且开发量以年均 20% 的速度增加[22]。据统计,截至 2020 年底,我国城市地下空间累计建设 24 亿 m^2。"十三五"期间,我国累计新增地下空间建筑面积达到 13.3 亿 m^2,直接投资总规模约 8 万亿元,为推动我国经济有效增长、推进供给侧结构性改革提供了重要产业支撑。我国已经成为领军世界的地下空间强国。保护改善城市环境已成为目前城市地下空间开发的主要动因之一,通过开发城市地下空间改善城市环境的工程实践目前也已经得到政府、学者的重视和认可。随着人们对生态环境的重视,近几年召开的一系列国际地下空间学术会议(IACUS2014、IACUS2017、IACUS2019、ACUUS2016、ACUUS2018 等)均强调地下空间开发对城市环境的保护作用,并设有地下空间开发与城市环境专题论坛。

城市地下空间开发对城市环境具有正负两方面的影响,其正面影响主要在于将一些对阳光、温度、湿度等自然环境条件要求不高的城市功能地下化后能够腾出更多的土地以进行绿化和水体设计,这改变了城市原有的下垫面属性,能够增加城市的绿化面积,有利于改善和保护城市环境。比如在美国波士顿的"大开挖"(The Big Dig)项目中,波士顿政府将中央大道 6 条高架桥拆除,将城市道路地下化,修建了一条 8~10 车道的地下快速路,并在地面上修建了城市公园。该项目实施后,新增的城市绿地和开放空间超过 1.21 km^2,使城市的二氧化碳排放量降低了 12%,城市的生态环境得到明显改善(图 1-5)[23]。

图 1-5 "大开挖"项目建设前后对比图

同时,城市地下空间开发对城市环境也存在负面影响。随着城市轨道交通的发展以及大型地下综合体的建设,地下空间已成为集交通、商业、停车等多功能的人员聚集场所。地下空间是一个相对封闭的空间环境,为了保证地下空间内部的空气质量和人员在地下空间内部活动的安全性和舒适性,需要通过机械排风的方式将地下空间内部的污染物如 CO、CO_2、PM_{10} 等排放到室外,这会造成二次污染,降低城市的空气质量,不利于城市微气候的改善。

那么,对于城市设计者而言,为了营造舒适的城市环境,实现城市的可持续发展,一方面应通过合理的规划设计将城市地下空间开发对城市环境的正面影响最大化;另一方面则应最大限度地避免、消除城市地下空间开发对城市环境带来的负面影响。因此,开展城市地下空间开发对城市微气候的影响研究,梳理地下空间开发对城市微气候影响的关键因素,探究地下空间开发对城市微气候的影响机理,明确地下空间开发对城市微气候影响的正负效应,量化分析地下空间规划设计因素与城市微气候指标之间的关联性,对于优化城市地下空间规划设计方案,营造舒适的城市环境,实现城市可持续发展具有重要的意义。

1.2　研究来源与构成

1.2.1　研究来源

本书研究始于 2013 年,当时笔者所在团队提出通过开发城市地下空间来改善城市环境的设想,并希望通过科学的方法将开发城市地下空间对城市环境的影响数字化、图形化地呈现出来,以服务城市地下空间的规划与设计。本研究是在陆军工程大学地下空间研究中心以及中国岩石力学与工程学会地下空间分会的支持下进行的,并受资助于国家自然科学基金面上项目"城市地上地下多重空间协同演化机理及形态整合量化评价研究"(项目批准号:51478463),是该基金项目下的子课题。

1.2.2　研究构成

在研究初期,笔者所在团队提出了一系列科学问题,诸如:① 城市地下空间开发与城市热环境有什么关联性;② 不同地下空间开发因素(布局方式、开发规模、功能等)如何对城市热环境产生影响;③ 城市地下空间开发如何影响城市形态,以及不同城市形态下城市热环境有怎样的变化等。在问题的引导下,团队相继完成了以上研究。

随着研究的深入,在与国内外专家交流时,专家曾提出,城市地下空间开发对城市微气候的正面影响主要体现在增加的城市地面绿化有利于改善城市微气候。

对于城市地下空间开发与地面绿化之间有何种关系,应是后续研究关注的重点。研究发现,在地下空间开发区域,地面绿化与地下空间覆土深度密切相关。若地下空间覆土有足够的深度,则可以在地表种植高大的乔木,有利于改善城市环境;反之,若地下空间覆土深度只能维持草、灌植物生长,则对城市环境的改善效果将会大打折扣。但是,以上只是人们常识性的认识,对于如何合理地设计地下空间覆土深度以达到有效改善城市环境的目的,还是需要遵循科学的方法,用量化的数据来指导说明。因此,又衍生出了以下两个新的问题作为本书研究的主要内容:① 不同地下空间覆土深度的设计对地面绿化以及室外环境有什么影响? ② 如何优化设计地下空间覆土深度,才能更为有效地改善城市环境?

另外,城市地下空间开发对城市环境的负面影响作为城市地下空间开发影响城市微气候研究的一个重要分支,也是本书研究的主要内容之一。

1.3 研究目的与意义

1.3.1 研究目的

本书基于城市地上地下一体化开发视角,探索城市地下空间开发对城市微气候的影响,研究目的在于四方面:

(1)梳理城市地下空间开发影响城市微气候的关键因素,探索城市地下空间开发对城市微气候的影响机理,为量化评价城市地下空间开发对城市微气候的影响提供理论指导。

(2)选择合适的数值模拟工具,并对其适用性进行分析,为分析城市地下空间开发对城市微气候的影响提供技术支持。

(3)量化分析城市地下空间开发对城市微气候的正负两方面的影响,确定地下空间设计指标与城市微气候指标之间的关联性。

(4)基于量化的结果分析,探索基于城市微气候的城市地下空间开发策略。

1.3.2 研究意义

1. 理论意义

首先,对地下空间学科的发展而言,目前针对城市地下空间开发利用的研究,更多地停留在地下空间开发解决城市规划与建设等工程层面,对于地下空间开发对城市环境的影响研究尚不多见。虽然有部分学者的著作和研究提及了地下空间开发对城市环境的影响,但是这些研究多为定性论述,且出于鼓励开发城市地下空间的目的,仅阐述了地下空间开发对城市环境产生的正面影响,而对于地下空间开发对城市环境可能产生的负面影响却鲜有提及。本书通过探索城市地下空间开发对城市微气候的影响机理,明确地下空间开发对城市微气候正负两方面影响的关键因素和影响机制,从地下空间覆土深度和地下空间竖井排风两方面,系统地量化分析城市地下空间开发对城市微气候的影响,实现城市地下空间开发对城市微气候的量化评价,完善城市地下空间开发影响城市环境的理论研究,对于地下空间学科的理论发展具有一定的促进意义。

此外,本书借鉴了城市规划、城市设计、建筑学、风景园林与城市气候学等学科之间的交叉研究方法和成果,从城市地下空间开发角度出发量化研究对城市微气候的影响,这也为城市规划、城市设计、建筑学、风景园林等学科交叉研究城市微气候提供了新的借鉴思路,在发展城市地下空间规划设计理论的同时,也有助于城市微气候领域的理论发展。

2. 实践意义

城市地下空间开发具有高效利用土地、提供空间资源、减少空气污染、改善城市环境等多方面的优势,是实现城市可持续发展的必然选择。但是,城市地下空间开发具有不可逆性,因此科学、合理地开发、利用城市地下空间显得格外重要。为了科学、合理地开发、利用城市地下空间,避免造成资源浪费,量化分析不同城市地下空间规划设计要素(开发规模、功能布局、开发深度等)与城市微气候指标(风环境、热环境、空气质量、太阳辐射以及人体热舒适等)之间的相关性,将不同规划设计方案下的室外微气候变化以数字化、图像化的方式展示出来,能够帮助城市规划设计者优化城市地下空间规划设计方案,具有一定的实践意义。

1.4　国内外研究进展

1.4.1　城市微气候研究进展

针对城市微气候的研究,国内外的相关学者开展了大量的工作,研究领域涵盖了城市规划、城市设计、风景园林、气候学等多个领域,从理论到实践均取得了一系列的成果。研究主要分为两大类:一类是实测研究;一类是数值模拟研究。

1. 实测研究

1833 年 Howard 第一次观察到了城市热岛现象,这开启了专家学者对城市气候研究的热潮[24]。随着科技的发展,专家学者除了使用常规的测试仪器记录温度、湿度、风速、太阳辐射等一些常规气象参数外,甚至使用红外热像仪、遥控飞机、卫星遥感等先进的高科技装备来观测记录从小区、街区、城市到地域、国家不同空间尺度的热岛强度,希望根据实测数据来了解城市气候的变化规律并将其运用到城市规划上[25-29]。

Oke[29]对 20 世纪 80 年代城市热岛的研究进展进行总结,归纳了实测分析的方法,其包含:① 城市 20 年以上的气象站观测数据的累年变化趋势[30];② 城市单个或多个气象站与郊区气象站累年气象数据的变化趋势对比[31-32];③ 基于统计学的城市气象站与郊区气象站的对比分析[33];④ 工作日与非工作日城市热岛状况的对比等[34]。

根据几十年对城市热岛的观测,Oke[29]总结了城市热岛的变化趋势,指出城市热岛强度与风速的大小和云量的多少有关。当风速变大以及云量增加时,城市热岛强度会降低。城市热岛现象在夏季出现的频率较高。城市热岛强度的增强是城市化进程发展的必然结果,与城市规模和城市人口密切相关。

Ojima[35]通过对东京 30 年城市化进程中的人口迁移、土地用途以及城市气象数据的分析,认为城市化进程的发展是导致城市热岛现象的根本原因,并提出将城市交通和人为拍热量过大的城市功能地下化,能够有效缓解城市热岛效应。

Huang 等[13]对南京市不同位置不同材质的下垫面(水泥地面、树林、水体和草地)上的空气温度进行定点逐时观测,通过数据对比,发现水泥材质的下垫面对温度影响最大,树荫、水体以及草坪相比水泥地面能更有效地缓解热岛效应。

Chen 等[36]计算了香港九龙半岛的天空角系数,并结合实测的空气温度,得出了白天热岛强度与天空角系数之间的对应关系。

Yan 等[37]在 2012 年冬季以及 2013 年夏季对北京建成区布置了 26 个监测点,流动检测不同季节、不同时间段、不同位置的北京建成区近地面热环境的主要景观设计因素,分析了测点周围 150 m 范围内的建筑面积、绿化面积、天空角系数等因素对城市热环境的影响作用。

王振[38]以武汉某街区为测试对象,进行夏季和冬季的实测实验。他用当天的气象参数作为模拟的初始边界条件,对所测试的街道进行微气候数值模拟,并以实测数据为参考,对比了空气温度、地表温度、风速、平均辐射温度等微气候指标,校验了模拟软件 ENVI-met 在武汉地区的适用性和准确性,为街区层峡的气候适应性设计做基础支撑。

Hong 等[39]以北京住宅小区为研究对象,实测了不同绿化形式、植物群落和不同材质的下垫面对室外微气候的影响,然后以实测数据校验了微气候模拟软件 Simulation Platform of Outdoor Thermal Environment(SPOTE)在北京地区的适用性。

陈卓伦[40]和杨小山[41]对湿热地区的住宅小区和华南理工大学进行热环境实测，分析了不同绿化形式和下垫面性质对室外热环境的变化，并利用实测数据分别校验了 ENVI-met 3.0 和 ENVI-met 4.0 软件在湿热地区的适用性。

从以上研究可以看出，从城市热岛效应被学者发现以来，专家学者试图通过分析城市的累年气象、人口等数据对城市热岛现象进行研究和预测。随着人们探索影响城市热岛现象内在原因的发展，其研究尺度也逐渐从城市尺度向街区、住宅、城市公园、大学等低尺度延伸。研究内容包含了街区设计、住宅布局、绿化形式、不同材质下垫面等因素对室外微气候的影响。这些研究的方法、思路和结论对于本书开展室外微气候的实测研究具有借鉴作用。

2. 数值模拟研究

面对现场实测容易受到天气状况的影响以及实验周期长、费用昂贵等弊端的限制，近些年随着计算机技术和流体力学技术的进步，针对城市微气候的研究，越来越多的学者开发并使用微气候模拟软件，从自身学科领域出发研究对城市微气候的影响，研究领域涵盖了城市规划到建筑设计的各个阶段。数值模拟技术的应用不仅能够克服自然气象条件的约束，而且费用低廉，易于操控，便于分析和预测城市微气候，其应用日益广泛。

Ooka 等[15]采用对流、辐射、传导相互耦合的模拟手段从室外热舒适性角度评价了植物的优化配置方案。

德国的 Bruse 等[42]开发了 ENVI-met 软件，并将其用于分析城市环境中建筑—植物—大气之间的热应力关系。该软件目前运用得越来越广泛，主要原因在于软件除了能够模拟各种尺度的城市微气候，还能够定义不同种类植物，模拟分析植物与水体模块对城市微气候以及人体热舒适度的影响。

Ng 等[14]针对香港九龙区建立了不同的设计工况，运用 ENVI-met 软件模拟研究绿地类型、绿化率、建筑高度等因素对城市局地微气候的影响。结果显示当绿化率达到 33％时，区域的热负荷等级能够有效降低。

王振[38]利用数值模拟的方法针对城市街区的设计，分析了街区层峡几何特征、布局方式、下垫面性质、绿植、水体以及风向对层峡内微气候的变化特征。

黄媛[43]针对我国夏热冬冷地区，从城市设计的角度模拟分析了不同城市形态下室外微气候的变化，研究了室外微气候对建筑能耗的影响，并建立了基于节能的气候适应性街区城市设计策略。

Hong 等[17-18]基于 Simulation Platform of Outdoor Thermal Environment (SPOTE)平台，量化分析了在风景园林领域中不同植物群落、植物种类对住宅区

风环境、建筑日照以及人体热舒适的影响,并以此建立了改善住宅区室外微气候的园林绿化设计策略。

陈卓伦[40]针对我国湿热地区,以行列式和围合式建筑组团为研究对象,研究了绿化体系对室外热环境和建筑能耗的影响。根据模拟结果,他回归得到了绿地率、绿化带形式、乔木和草地占有率等绿化设计因子与室外微气候参数之间的相关性,指出绿地率对室外微气候评价的权重系数最大。

杨小山[41]为了研究室外微气候对建筑能耗的影响,提出了微气候影响建筑能耗的模拟方法和研究思路。他首先通过 ENVI-met 模拟得到了室外微气候数据,然后将数据输入 Energy Plus 实现了微气候变化对建筑能耗的影响。

张伟[44]运用 ENVI-met 软件以南京住宅小区为研究对象,从空气温度、风速、热舒适性和 PM_{10} 四个方面研究了住宅区不同绿地布局对室外微气候的影响。

以上研究主要运用数值模拟的方法研究室外微气候的变化。各个领域的专家从自身学科发展的角度量化分析了不同城市形态、建筑布局、绿化形式、绿化布局、绿化种类等因素对室外微气候的影响,试图通过大量的模拟计算建立基于室外微气候的设计策略;另外,在室外微气候指标的分析上,不再仅仅局限于空气温度、相对湿度、风环境、太阳辐射等日常气象参数,而是逐渐向人体热舒适、热安全、建筑能耗以及空气质量等方面发展。以上研究对于本书量化分析不同地下空间设计因素对城市微气候的影响具有借鉴意义。

1.4.2　城市地下空间与城市微气候

开发利用城市地下空间已成为城市可持续发展的重要举措,通过开发城市地下空间以保护和改善城市环境的工程实践已经得到专家、学者以及政府的认可。但是,根据目前收集到的资料,现如今城市地下空间开发对城市微气候的影响研究还处于起步阶段。人们对于开发城市地下空间改善城市环境的研究多是定性的探讨,研究所涉及的气候环境也未达到微观环境层面。总体上,这方面的研究可以分为定性探讨和定量分析两方面。

1. 定性探讨

Sterling[45]在 *Underground Space Design* 一书中提到随着城市开发规模的增加,城市形成了地上地下一体化的城市形态,这能够对城市局部环境造成影响。

Zahed 等[46-47]和 Janbaz 等[48]提出建立城市地下物流系统,减少地面物流运载对城市交通的影响,能够对城市空气质量有所改善。

吉迪恩·S. 格兰尼等[49]提出地下居住设计的设计思路,指出在地表布置绿化,不仅能够保护环境,还能利用地下的热性能,有效节约能源。

钱七虎[50]、Chen[51]、朱大明[52]、彭芳乐等[53]指出开发城市地下空间能够改善城市环境,并且对城市地下空间开发的社会效益、经济效益、环境效益等效益进行了分析,指出城市地下空间开发是实现城市可持续发展的必然途径。

祁红卫等[54]、曾波等[55]、彭建勋[56]以城市住宅区为研究对象,指出住宅区地下空间开发能够有效改善住宅区的室外环境,对小区生态环境、人文环境建设起到积极作用,是实现绿色居住的有利途径。

2. 定量分析

城市地下空间开发对城市环境影响的量化分析,目前多停留在工程层面,其结果的呈现形式也多以报告为主。

美国波士顿"大开挖"项目实施前后,针对空气质量、颗粒物值、碳排放等各个环境指标做出了一系列的环境评估报告。经过对比发现,相比该项目实施前,实施后城市的 CO_2 排放量降低了 12%[23]。澳大利亚国家健康和医药研究中心发布了澳大利亚国内隧道内部和周边的空气质量的环评报告[57]。

在国内,同济大学王洋等[58]于20世纪90年代利用模糊数学的方法提出了城市地下空间开发产生的环境效益模型;陆军工程大学姜伟华等[59]提出了城市地下空间开发产生的社会、环境效益货币化模型;张宏等[60]从经济、社会、环境和防灾等四方面评价了地下空间开发带来的各种效益,并运用层次分析法建立了效益评价体系。

2014年杨晓彬[12]开展了城市地下空间开发与城市热环境之间的关联性研究,并首次运用 Computational Fluid Dynamics(CFD)模拟手段,量化分析了城市地下空间开发前后、地面有无绿化情况下的室外热环境变化,得出地下空间开发能够增加城市绿化面积,改变下垫面属性,有助于改善室外热环境的结论;并指出地下空间开发是通过改变地面建筑高度和组合的方式改变城市形态进而影响室外热环境。此研究开启了量化分析城市地下空间开发影响城市微气候的序幕。

1.4.3　现有研究的分析与总结

首先,对于城市气候学、城市规划、建筑学、风景园林等学科来说,针对城市微气候,这些领域的专家学者从自身学科发展的角度展开了大量的研究,其研究的方法、思路以及结论对于本书具有积极的借鉴作用。但是,城市地下空间开发是城市建设的重要组成部分,这些研究均忽略了城市地下空间开发对城市微气候的影响作用。

其次,对于地下空间学科而言,开展城市地下空间开发对城市微气候的影响研究仍存在以下三方面的问题。

1. 城市地下空间开发对城市微气候影响的理论研究还需要完善

波士顿"大开挖"项目、东京地下快速路等项目的建设使人们从宏观上意识到了城市地下空间开发作为一种开发手段能够改善城市环境。但是,城市地下空间开发对城市环境的影响机理、影响规律、影响程度等基础问题却鲜有研究。

虽然杨晓彬对城市地下空间开发与城市热环境之间的关联性进行了研究,但是前期的研究缺少地下空间开发与城市绿化之间的深层次探讨,缺乏与风景园林学科的衔接。园林绿化是目前缓解城市热岛效应最有效的方式之一,前期研究仅仅用开发城市地下空间前后、地面无绿化与有绿化两种工况下的室外热环境参数对比来论证城市地下空间开发对城市热环境的改善作用是明显不够的。地下空间开发过程中地下空间覆土深度的确定能够影响地面植物种类的选择、植物群落的形成,这些都能够对室外微气候产生重要影响。然而,这些基础性问题在前期的研究中并未被提及。

2. 缺乏合适的量化评价地下空间开发对城市微气候影响的方法和指标

虽然国内一些学者利用数学方法提出了城市地下空间开发产生的环境效益模型,对推动量化研究城市地下空间开发影响城市微气候具有一定的积极作用。但是,这些研究所提出的方法多为经验推导,属于半量化范畴,其适用程度具有一定的局限性。

杨晓彬虽然用数值模拟的方法以数字化的形式展示了城市地下空间开发对室外热环境的影响,但是研究所选取的微气候指标(空气温度、风速、相对湿度以及太阳辐射)是比较单一的,这样可能会出现如下的情况:地下空间开发后虽然降低了室外的空气温度,但是也降低了室外风速,这与人们希望夏季加强室外通风并降低空气温度的初衷是矛盾的。因此,还需要一个综合的指标来评价城市地下空间开发对城市微气候的影响,这样才有利于优化地下空间规划设计方案。

3. 缺少城市地下空间对城市微气候负面影响的量化研究

目前,我国城市地下空间建设主要以地下商业(地下商场、地下步行街、地下综合体)和地下交通(地铁、地下停车场)为主,这些都是日常城市居民活动使用的主要场所。由于我国城市人口基数巨大,每天都有大量人流进入地下空间,为了保证地下空间内部环境的安全性和舒适性,需要采用机械排风的措施将地下空间内部的污染物排放到室外,这将直接影响到室外的环境质量。相比地下封闭的空间环境,地面环境有山、有水、有阳光、有乡愁,创造出一个适宜人居的地面环境更为重要。但是,针对不同功能的地下空间污染物排放对室外环境的影响规律,以及该如何避免消除城市地下空间开发对城市环境带来的负面影响,至今仍鲜有人研究。

1.5　研究内容与方法

1.5.1　研究内容

本书的研究共有七章,具体如下:

(1) 绪论(第 1 章)。介绍本书研究的背景、目的、意义、方法等。

(2) 城市地下空间开发对城市微气候的影响机理(第 2 章)。根据城市能量平衡理论,总结影响城市能量平衡的各方面因素,并分析城市地下空间开发对这些因素的影响,进而分析城市地下空间开发对城市微气候的影响机理,为后续量化评价城市地下空间开发对城市微气候的影响提供理论指导。

(3) 室外微气候实测与 ENVI-met 的适用性分析(第 3 章)。选择南京市某住宅小区为实测对象,现场实测不同绿化形式、绿化种类、下垫面材质下的室外空气温度、相对湿度、风速和下垫面温度的变化规律,为模拟软件的适用性分析提供数据参考;选用微气候模拟软件 ENVI-met 作为本书的模拟工具,对小区室外微气候进行数值模拟,通过对比各气象参数实测与模拟数据之间的吻合度,对软件的适用性进行分析,为后续的量化研究提供技术支持。

(4) 地下空间覆土深度对地面绿化配置及室外微气候的影响(第 4 章)。选取具有地下停车功能的住宅小区为研究对象,通过对南京市商业楼盘的实地调研,建立南京市常见的行列式和围合式两种住宅区规划布局模型,运用第 3 章校验和分析过的 ENVI-met 软件量化研究不同地下空间覆土深度对应的小乔木、大灌木、小灌木和草四种绿化配置对室外微气候的影响,并根据模拟结果对合理设计地下空间覆土深度提供初步建议,以达到改善室外微气候的目的。

(5) 基于室外微气候评价的地下空间覆土深度优化(第 5 章)。依据地下空间覆土深度对室外微气候的影响机理,提出基于室外微气候评价的地下空间覆土深度优化流程。以第 4 章建立的行列式和围合式住宅小区为研究对象,模拟分析不同乔灌木比例条件下(2∶3,1∶2 和 1∶3),由中高层和中低层植物搭配形成的植物群落对室外微气候的影响,并根据模拟结果对于地下空间覆土深度的优化设计给出建议。

(6) 地下空间竖井排风对城市空气质量的影响——以城市地下商业街开发为例(第 6 章)。探索地下空间内部污染物排放对城市空气质量的影响,以并列式、围合式和点式城市形态的地下商业街开发为研究对象,以室外 CO 浓度作为评价指标,定量评价地下商业街开发强度、排风竖井位置、排风竖井高度、不同地下空间覆土深度对应的地面绿化(横向乔木、竖向乔木、大灌木、小灌木和草)等设计因素对城市 CO 浓度的影响,建立以降低地下商业街开发对城市空气质量负面影响的开发策略。

(7)结论与展望(第 7 章)。总结本书的主要研究工作及结论,并对后续的研究提出建议。

1.5.2 研究方法

(1)文献阅读。主要关注关键词为"地下空间""城市微气候""城市热环境""城市规划""城市设计""绿化"等的相关文献,通过文献阅读找出研究的突破点和创新点。

(2)调研比较。通过查询陆军工程大学地下空间研究中心的数据库,了解该研究范围内的第一手资料;通过对南京市具有地下停车功能的小区进行现场调研,了解不同地下空间覆土深度情况下地表绿化的配置情况。

(3)理论分析。重点分析城市微气候相关理论,分析城市地下空间开发对城市微气候影响的关键因素和影响机理。

(4)现场实测。选取合适的实测对象并现场实测室外微气候参数,了解影响室外微气候的各方面因素,为后续模拟软件的适用性分析提供数据参考。

(5)数值模拟。通过不同模拟软件的对比分析,选用合适的模拟软件,确定数值模拟方法和思路,并根据现场实测数据完成被选软件的适用性分析,为后续的量化研究提供技术支持。

1.6 研究概念与范围的界定

1.6.1 研究概念

在本书的研究中,地下空间覆土是指在地下建筑上方,具有一定渗透性、蓄水能力和空间稳定性,且可供植物生存、生长所需养分的自然土、改良土和无机种植土的总称。地下空间覆土深度即在地下建筑上方能够保证植物生存、生长的种植土厚度,不包含过滤层、防水、市政管道等土层厚度(图 1-6)。研究涉及的地下空间覆土深度主要是指自然土的覆土深度。

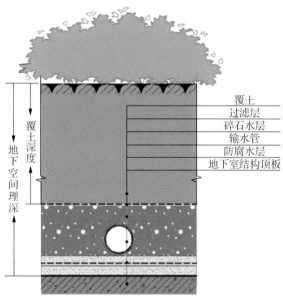

图 1 - 6　地下空间覆土及相关概念界定图

1.6.2　研究范围的界定

　　本书的研究以夏热冬冷地区的气候为背景条件,以夏热冬冷地区的典型城市南京为例。南京是江苏省的省会,位于江苏省西南方位,地理坐标为北纬 31°14′至 32°37′,东经 118°22′至 119°14′,四季分明,年降水量在 1 200 mm 以上,夏季炎热潮湿,冬季干燥寒冷,根据《民用建筑热工设计规范》(GB 50176—2016)的区划,属于夏热冬冷气候分区。

　　根据 Oke[29] 的城市气候学理论,气候尺度的划分如图 1 - 7 所示。本书的研究涉及的住宅区和城市形态属于城市微气候尺度。

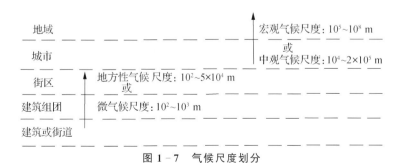

图 1 - 7　气候尺度划分

1.7 研究框架

本书的研究框架如图 1 - 8 所示。

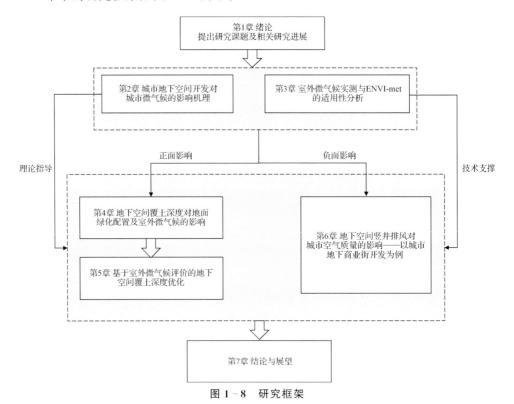

图 1 - 8 研究框架

第 2 章　城市地下空间开发对城市微气候的影响机理

城市地下空间开发作为城市建设的一部分,其对城市微气候的影响在本质上是遵循城市能量平衡理论的。因此,本章首先从城市能量平衡理论出发,分析影响城市微气候变化的各种要素,再分析城市地下空间开发如何通过改变以上要素从而影响城市微气候,进而分析城市地下空间开发对城市微气候的影响机理。

2.1　城市能量平衡理论

对于城市而言,城市吸收的能量与释放、储存的能量是始终处于平衡状态,这一状态可以看成一个局部的中尺度现象(图 2 - 1)。城市的表面通常用粗糙度或者

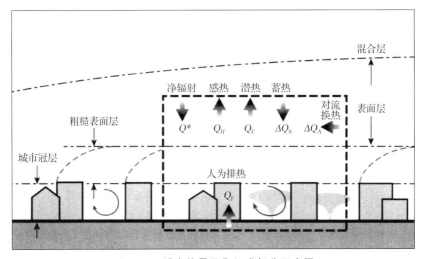

图 2 - 1　城市能量平衡组成部分示意图

反射率来表达,从而量化计算城市表面与大气层之间的能量转换,模拟分析城市冠层以上的能量交换,其能量平衡方程为[61]:

$$Q^* + Q_F = Q_H + Q_E + \Delta Q_S + \Delta Q_A \qquad (2-1)$$

式中:Q^*——净辐射通量,受太阳辐射、长波辐射、城市表面吸收率的影响;

Q_F——城市人为排热通量;

Q_H——由湍流传递的感热通量;

Q_E——由土壤水分蒸发下损耗的潜热通量;

ΔQ_S——城市表面的蓄热通量;

ΔQ_A——对流作用下的换热通量。

影响城市能量平衡的主要过程包含辐射、热储存、对流、潜热、感热、人为排热等过程。

2.1.1 辐射

对于城市表面的辐射变化,其控制方程为:

$$Q^* = (K_{dir} + K_{dif})(1-a) + L\downarrow - L\uparrow \qquad (2-2)$$

式中:Q^*——净辐射;

K_{dir}——源于太阳阳光的直接短波辐射;

K_{dif}——扩散了的短波辐射;

a——城市表面反射率;

$L\uparrow$——城市表面释放的长波辐射;

$L\downarrow$——城市表面吸收来自天空的长波辐射。

此外,城市空间形态、城市下垫面和城市空气污染等因素都会影响城市对于太阳辐射的吸收和反射,影响城市表面对长波辐射的吸收和释放。

1. 城市形态对太阳辐射的影响

太阳辐射是城市冠层接受能量的主要来源,城市空间形态的不同影响着城市冠层对于太阳辐射的吸收(图 2-2),主要表现在:

(1) 城市密度:不同建筑密度的城市区域对太阳辐射的影响也不同。在建筑密度较高的城市区域,大部分的入射太阳辐射会被楼顶反射,以至于在街区层峡中,太阳辐射的多重反射作用减少;在建筑密度较低的区域,由于城市道路表面的反射基本上不受到周边建筑墙壁的干扰,城市区域的反射率偏高。

(2) 建筑高度:当城市道路宽度一定时,建筑高度的增加会产生比较深的街区层峡,这样就会增加建筑表面对辐射的反射和吸收,降低反射率。

(3) 城市粗糙度:若城市的建筑高度差别不大,城市的粗糙度较低,这样能够减少楼顶的反射干扰,提高城市反射率;若城市建筑高度差异较大,城市粗糙度较大,这样城市会吸收更多的太阳辐射。

（4）街道走向:街道走向会影响直接阳光射入街道高层,直接阳光的射入模式随季节和昼夜模式的变化而变化;但是,街道走向对于整个城市的反射率的影响较小,甚至可以忽略不计。

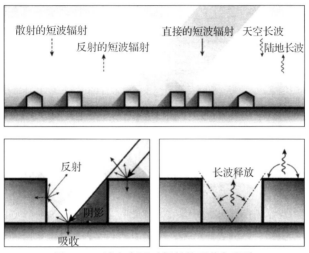

图 2 - 2　城市表面对辐射的吸收与释放

2. 空气污染对城市辐射交换的影响

大气颗粒污染物对光的散射和吸收效应会对城市能量平衡产生影响。城市中悬浮颗粒物浓度的增加,能够增加对太阳辐射的反射,进而降低白天的最高温度,研究表明空气污染能够衰减 $10\% \sim 20\%$ 的太阳辐射;同时,颗粒物通过吸收来自城市的长波辐射,通过增加来自天空的向下的长波辐射 $L \downarrow$,抵消传入的太阳辐射 $K \downarrow$,使得夜间陆地表面的降温潜力降低。

2.1.2　热储存

城市表面储存的能量 ΔQ_{S} 是城市能量平衡中一个重要的组成部分,净储存的热通量能占白天净辐射的 50% 左右。城市表面会吸收、储存和释放来自太阳、大气层、下垫面以及其他构筑物表面产生的辐射,这些能力对城市微气候变化有重要影响。此外,材料本身的热属性能也能影响表面对能量的吸收、储存和释放。表 2 - 1 总结了不同材料的热属性[62-63]。

表 2 - 1　自然土壤和城市下垫面材料的热属性

材料		注解	ρ 密度/ (kg·m^{-3})	c 特定的热/ (J·kg^{-1}·K^{-1})	C 热容量/ (kJ·m^{-3}·K^{-1})	K 热导/ (W·m^{-1}·K^{-1})	κ 热扩散/ (m^2·s^{-1}×10^{-6})	μ 热吸纳/ (J·m^{-2}·s$^{-\frac{1}{2}}$·K^{-1})
自然土壤	沙土 (40%孔隙)	干燥	1 600	800	1 280	0.30	0.24	620
		饱和	2 000	1 480	2 960	2.20	0.74	2 550
	黏土 (40%孔隙)	干燥	1 600	890	1 420	0.25	0.18	600
		饱和	2 000	1 550	3 100	1.58	0.51	2 210
	泥炭土 (40%孔隙)	干燥	300	1 920	580	0.06	0.10	190
		饱和	1 100	3 650	4 020	0.50	0.12	1 420
	水	纯,4 ℃	1 000	4 180	4 180	0.57	0.14	1 545
人造建筑材料	沥青		580	800	1 940	0.75	0.38	1 205
	砖块		1 970	800	1 370	0.83	0.61	1 065
	混凝土	高密度	2 300	650	2 110	1.51	0.72	1 785
	聚苯乙烯	扩充	30	0.88	0.02	0.03	1.50	25
	钢	轻	7 830	500	3 930	53.3	13.6	14 475

　　对于 ΔQ_S 的计算,常用的模型是目标迟滞模型。该模型描述了单体表面的热储存。对于立体的三维城市表面,其 ΔQ_S 的计算需要根据特定表面计算各面的相对面积并累计加权计算整个区域的热储存量:

$$\Delta Q_S = \sum_{i=1}^{n} \left(\alpha_{1i} Q^* + \alpha_{2i} \frac{\partial Q^*}{\partial t} + \alpha_{3i} \right) \quad (2-3)$$

式中:α_1、α_2、α_3 分别是不同表面类型的经验系数,其值的选取参考表 2 - 2。

表 2 - 2　各种表面热通量储存参考值[64]

表面类型	α_1	α_2(h)	α_3(W·m^{-2})
绿色空间/开放	0.34	0.31	-31
铺设的/不透水的	0.70	0.33	-38
屋顶	0.12	0.39	-7

2.1.3　对流的感热通量

1. 小尺度对流

　　城市的粗糙度、反射率、土地使用模式、绿化面积等因素的不同,会造成在城市中形成相对的热点区域和冷点区域,这就为区域之间的能量流动提供了动力。研究表明,对于均匀的住宅区,仅在 $100 \sim 1\,000$ m 的范围内,能量通量之间的差异就高达 40%[65]。

对于小尺度对流,其对流热通量为:

$$Q_H = h_c(T_s - T_a) \tag{2-4}$$

式中:Q_H——对流热通量率,单位为 $W \cdot m^{-2}$;

　　　h_c——对流换热系数,单位为 $W \cdot m^{-2} \cdot K^{-1}$;

　　　T_s——表面温度,单位为 K;

　　　T_a——环境空气温度,单位为 K。

对流换热系数 h_c 是一个经验系数,其规模受到气流、湍流比、建筑形状、空气与建筑之间的温差等多方面因素的影响,其取值参考表 2 - 3。

表 2 - 3　对流换热系数 h_c 的经验关系

创建者	方程	注
克拉克和伯达尔[66]	$h_c = 0.8$	辐射面比周围空气温度低,风速小于 0.076 m/s,允许自由对流
	$h_c = 3.5$	辐射面比周围空气温度高,风速小于 0.45 m/s,允许自由对流
	$h_c = 1.8V + 3.8$	湍流,1.35<风速<4.5 m/s
	$h_c = \dfrac{k(0.054Re0.8Pr0.33)}{L}$	湍流,不考虑建筑表面温度(U 大于以上值)
吉沃尼[67]	$h_c = 1 + 6V^{0.75}$	
哈吉西马[68]	$h_c = 3.96 + \sqrt{u^2 + v^2 + w^2} + 6.42$	测量到的风速距建筑表面 13 cm
克利尔[69]	$h_c = \eta\dfrac{k}{l}0.15Ra_L^{1/3} + \dfrac{k}{x}R_f0.029\,6Re_x^{4/5}Pr^{1/3}$	水平屋顶的温度高于空气温度,自然风和湍流强制对流

2. 湍流的感热通量

大规模的城市表面主要由建筑、街区、绿化和其他元素构成。对于大气层与大规模城市表面之间的能量交换,需要用垂直热通量的空间均衡性和对流热通量来描述特定高度城市表面层的特征。城市的粗糙表面一方面会阻碍气流的传播,降低气流的平均速度,另一方面会加大气流的不稳定性,造成在近地面的风速降低且风速随着高度的增加以非线性的方式增加,如图 2 - 3 所示。

不同速度气流之间产生的剪应力会生成涡旋携带着热空气上升,冷空气下降,这就是感热通量热流。

湍流感热通量 $Q_H(W \cdot m^{-2})$ 计算方程:

$$Q_H = \rho c_p k u^* T^* \tag{2-5}$$

式中:ρ——是空气的对应密度;

c_p——质量定压热容,单位是 $J \cdot kg^{-1} \cdot K^{-1}$;

k——冯·卡门常数,通常取 0.4;

u^*——摩擦速度,单位是 $m \cdot s^{-1}$;

T^*——温度,单位是 K。

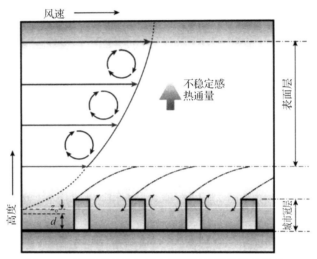

图 2 – 3　不稳定气流与城市表面层热量的影响关系

2.1.4　潜热通量

城市中的水分能够影响城市潜热通量的变化,潜热通量通过影响辐射进而影响气温上升的程度。土壤中的水分以及植物的蒸腾作用能够对城市能量和水之间的平衡产生影响,通常用蒸散这个专业术语来描述有植物生长的土壤中包含的水分转移到大气中的整个过程。城市水平衡的小气候模型如下:

$$p + I + F = E + r + \Delta A + \Delta S \tag{2-6}$$

式中:p——天空雨水;

I——城市供给的水;

F——由于人为的活动导致的水蒸发;

E——蒸散;

r——排泄的水;

ΔA——这个体积中水分的净对流;

ΔS——给定时期的水储备变化。

潜热通量 Q_E 即：

$$Q_E = L_V E \tag{2-7}$$

式中：L_V——蒸发的潜热，一个物理属性。

蒸散是城市中非常重要的热通量，通常占街区白天全部长波辐射的 $20\%\sim40\%$，甚至更高。蒸散有以下两种：

（1）若地表是湿润的，蒸散表达式为[70]：

$$E = (a/L_V)[s/(s+\gamma)](Q^* - \Delta Q_S) \tag{2-8}$$

式中：E——蒸散；

$\quad L_V$——蒸发的潜热；

$\quad s$——饱和蒸发压与温度曲线的斜率；

$\quad \gamma$——焓湿常数；

$\quad Q^*$——净辐射通量度；

$\quad \Delta Q_S$——城市表面的蓄热通量；

$\quad a$——经验系数，一般取 $1.2\sim1.3$。

（2）当地表干燥的状态时，蒸散表达式为[71]：

$$E = \left(\frac{1}{L_V}\right)\left\{\left[(2\alpha-1)(s/s+\gamma))(Q^*-\Delta Q_S)\sum_{i=2}^{n}A_i\alpha'_i\right] - \right.$$

$$\left. [AA(\gamma/(s+\gamma))E_a]\right\} \tag{2-9}$$

式中：A_i——第 i 表面类型覆盖的集水区的比例；

$\quad \alpha_i$——第 i 表面类型的经验系数；

$\quad AA$——相关地区土壤潮湿状态；

$\quad E_a$——空气的干燥功率。

2.1.5　人为排热

人为释放的热通量可以用以下方程表达：

$$Q_F = Q_V + Q_B + Q_M \tag{2-10}$$

式中：Q_V——机动车辆释放的热通量；

$\quad Q_B$——建筑释放的热通量；

$\quad Q_M$——人体新陈代谢释放的热通量，此部分通常仅占人为排热的 $2\%\sim3\%$。

人为排热的三种基本组成部分均有各自的时间模式。

（1）机动车产生的热在两个主要时间点上变化：昼夜和星期。几乎所有的城市的交通高峰期时会释放大量的热量，通常在早上 8 时左右、下午 4 时左右。除节假日外，一般在周末，交通排热明显要比工作日低。

（2）除了有规律的昼夜模式外,建筑产生的人为排热一般随季节变化而变化。有规律的昼夜模式反映的是建筑的使用情况。工作日期间,人们白天使用办公室,照明、空调等设备的运转会释放大量的热,然而在周末和晚上几乎无人使用这些设备。其中,人工照明会消耗掉建筑能量的 10%。随着季节的变化,人工照明的使用与建筑接受到的日照时间相关。

（3）人体新陈代谢产生的热量在整个人为排热中所占的比例比较小,除非遇见大型体育活动等大量人口聚集的事件,大量的人聚在一起会形成一个局部热源。

以上分析了城市各系统发生能量交换的各个方面因素及过程。总的来说,影响城市能量平衡的因素主要包括自然气象因素和人为因素。人为因素主要分为空间形态因素、下垫面因素和人为排热因素三方面。对于空间形态来说,城市不同的空间形态不仅能够影响构筑物对于太阳辐射的吸收与长波辐射散热,还能够对城市风环境产生影响,进而影响对流换热;下垫面因素主要是由于下垫面材料的热属性不同,能够影响城市下垫面对太阳辐射的吸收、储存和反射等;人为排热主要是城市居民自身代谢排放的热量,以及生活、工作、娱乐等活动发生的交通排热、照明排热、供暖排热等所消耗的对外释放的能量。

2.2 城市地下空间对城市微气候的影响

除自然气象因素外,城市地下空间开发能够影响城市空间形态的形成,改变城市下垫面以及影响人的行为活动,进而影响城市微气候。具体分析如下。

2.2.1 城市地下空间与城市空间形态

对于城市地下空间开发对城市空间形态的影响,Sterling[72] 在 *Underground Space Design* 中就指出在保持地面建筑高度以及地面建筑设计风格不变的前提下,开发地下空间,将一部分城市功能放入地下,能够形成城市中庭或者城市下沉空间等立体布局形态。随着开发地下空间开发规模的增加,城市的空间形态改变越大。这种改变方式的本质是改变了地面建筑的组合方式,如图 2 - 4 所示。在图 2 - 4a 行列式布局的建筑中,由于地下空间的开发,部分城市功能地下化,建筑组合方式逐渐发展为庭院式布局(图 2 - 4b),随着地下空间开发规模的增加,最后形成开敞式的建筑布局(图 2 - 4c)。

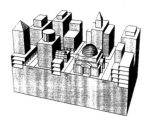
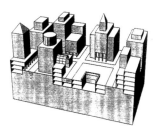

（a）地下空间开发一层　　　　（b）地下空间开发二层　　　　（c）地下空间开发三层
　　　　　　　　　　　　　　　　形成庭院式布局　　　　　　　　形成开敞式布局

图 2 - 4　地下空间开发改变城市地面建筑的组合形式[72]

　　另外,杨晓彬[21]进一步指出,城市地下空间开发对城市空间形态的改变可以分为两个基本过程:一是改变地面的建筑高度;二是改变地面建筑的组合方式。杨晓彬以点式、并列式和围合式三种典型城市形态的地下空间开发为例,模拟分析了城市地下空间开发对城市形态及城市热环境的影响。以点式城市形态为例,一方面,城市地下空间开发通过将部分城市功能放到地下,能够降低地面的建筑高度(图 2 - 5),并且随着开发规模以及放到地下的城市功能体量的增加,地面建筑高度逐渐降低;另一方面,地下空间开发通过改变地面建筑的组合方式,最终能够形成新的城市空间形态(图 2 - 6);当开发地下一层时,地面产生地下中庭(图 2 - 6b),随着开发规模的增加,地面建筑逐渐形成了半开敞式(图 2 - 6c)和开敞式布局(图 2 - 6d)。

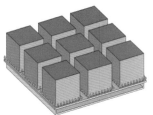

（a）未开发地下空间　　　　　（b）地下空间开发一层　　　　（c）地下空间开发两层

图 2 - 5　点式城市形态地下空间开发对地面建筑高度的影响

（a）未开发地下空间　　（b）地下空间开发一　　（c）地下空间开发两层　　（d）地下空间开发三层
　　　　　　　　　　　　层形成地下中庭　　　　形成半开敞式布局　　　　形成开敞式布局

图 2 - 6　点式城市形态地下空间开发对地面建筑组合的影响

2.2.2 城市地下空间与城市下垫面

在城市土地资源紧缺的背景下,城市地下停车场、地下商业街、地下商场的开发利用可以节约土地资源,拓展城市空间。更为重要的是,城市地下空间开发通过对节省出来的土地重新进行绿化建设,能够增加城市的绿化面积,改变城市下垫面属性,对改善城市微气候有积极的影响[73]。城市地下空间建设与城市绿地的关系如图 2-7 所示。

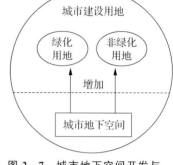

图 2-7 城市地下空间开发与城市绿地之间的关系

绿化对改善城市微气候有积极的作用,主要体现在:

(1) 树木能够干扰太阳辐射以及来自地面、建筑表面和天空之间的长波辐射,阳光在树叶之间的多重反射中被吸收掉,再加上树叶的蒸腾作用能降低树木周边的空气温度。研究得出,当城市绿化面积超过 1/3 土地面积时,能够大约降低行人水平空气温度 1 ℃[14]。

(2) 合理地布置绿化能够改善室外的风环境[74-78]。

(3) 绿化在阳光下的光合作用,能够吸收二氧化碳并释放氧气。据统计,一棵乔木一年吸收的二氧化碳量相当于汽车行车 1 万英里(约 16 093 km)的排放量,而释放的氧气可以供四个人呼吸一天[79]。

(4) 绿化能够影响空气中的颗粒物扩散和沉降颗粒物进而影响室外空气质量[80-82]。

但是,在地下车库、地下商场、人防工程等地下建筑顶板上方进行绿化设计属于种植屋面的一类,植物的生长环境不同于自然状态下的生长环境,植物种类的选择及植物搭配主要取决于地下空间覆土深度。地被植物、灌木和乔木对覆土深度的要求是依次递增的,根据《种植屋面工程技术规程》(JGJ 155—2013)[83],不同种类植物生存发育所需的土壤深度如图 2-8 所示①。如果地下空间覆土深度小,则只能种植草坪和灌木,不适于种植高大乔木,相应的景观设计也略显单调,对室外微气候的改善效果有限;若覆土深度能够满足种植高大乔木,相应的景观设计也更加丰富,更有利于改善室外微气候。地下空间覆土深度对室外微气候的影响过

---

① 地下建筑上方的覆土深度设计应选择植物生存的最小土深,不宜选择植物地面上种植要求的最小生长土深,以免生长过快导致荷载增加得快。

程如图 2 - 9 所示。不同地下空间覆土深度对应的不同类型植物对微气候的影响见表 2 - 4。

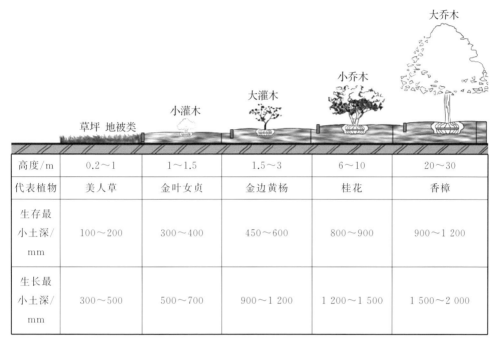

高度/m	0.2～1	1～1.5	1.5～3	6～10	20～30
代表植物	美人草	金叶女贞	金边黄杨	桂花	香樟
生存最小土深/mm	100～200	300～400	450～600	800～900	900～1 200
生长最小土深/mm	300～500	500～700	900～1 200	1 200～1 500	1 500～2 000

图 2 - 8　不同种类植物对应的自然种植土深

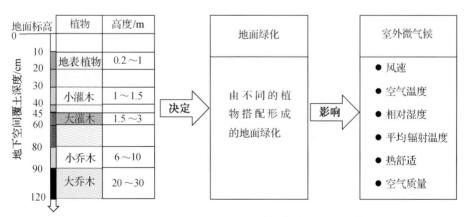

图 2 - 9　地下空间覆土深度对室外微气候的影响示意图

表 2 - 4　不同类型的植物对微气候可能产生的影响

植物种类	微气候参数				
	空气温度	风环境	辐射	空气湿度	空气质量
大乔木	树荫遮挡能够减少吸收太阳辐射,光合作用及蒸腾作用吸收大部分热量,降低空气温度	植物冠层削减高处的风速,将高处的气流引导行人高度	遮挡、吸收太阳辐射,减少长波辐射	蒸腾作用及土壤水分蒸发增加空气湿度	叶片吸附、沉降空气中颗粒物;植物冠层改变风场,阻碍污染物的水平和垂直运输,导致污染物浓度增加
小乔木					
大灌木		影响行人高度风环境	部分遮挡、吸收太阳辐射,减少长波辐射		
小灌木	减少土地蓄热及加强土壤散热,降低土地温度,削弱对流方式对空气的加热,降低空气温度	对风环境几乎没影响	减少地面吸收太阳辐射,并减少对周围的长波辐射		
地皮植物					

2.2.3　城市地下空间竖井排风对城市微气候的影响

在土地资源越来越稀缺的背景下,越来越多的国家将城市地下空间开发作为城市发展甚至是国家发展的重大战略举措。例如,国土面积仅有 728.6 km² 的新加坡在面对气候变暖、海平面上升、填海造地受到限制的情况下,决心大力开发城市地下空间,建造地下城,其中包括商业、电影院、办公室、酒店、大学等,鼓励人们前往地下工作甚至地下居住[84]。在我国,城市地下交通系统(地铁、地下停车场等)的建设改善了城市居民的出行方式,随着与其相结合的地下商业(地下综合体、地下商业街等)的兴起,在为城市居民的出行、购物、娱乐等活动提供便利的同时,也致使大量的人口涌入地下空间。据统计,2014 年南京新街口地铁站单日人流量最高达 140 万人次,地下商业全年人流量高达 1 606 万人次[85]。

地下空间自身相对封闭,自然通风能力较差,其内部环境质量要差于室外环境。地下空间内部的潮湿环境以及照明、人体新陈代谢产生的热量容易使人体产生不舒适感。地下空间内部的氡气污染、CO_2、CO、TVOC(挥发性有机化合物)、微生物细菌等,甚至会对人体的健康产生影响[86-88]。因此,要保证大量人口在地下空间内部生存、活动的安全性和舒适性,需要采取机械排风的手段将地下空间内部的热量及污染物通过竖井排到室外,并及时补充新鲜空气(图 2 - 10)。当地下空间内部空气质量比较恶劣时,从地下空间内部排出去的污染物会对室外空气造成二次污染,影响室外空气质量。

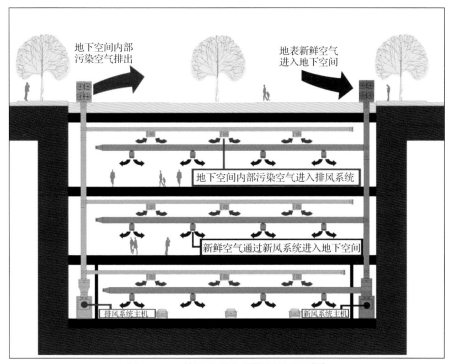

图 2 - 10　地下空间空调排风示意图[21]

综上,城市地下空间开发对城市微气候的影响机理可示意为图 2 - 11。

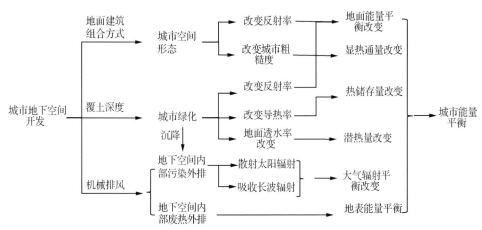

图 2 - 11　地下空间开发影响城市微气候的机理

2.3　本章小结

　　本章通过分析城市能量平衡理论,归纳、总结了影响城市能量平衡的主要因素包括城市空间形态、下垫面构造以及人为排热三方面;从地下空间开发通过改变地面建筑组合方式对城市空间形态的影响、通过改变地下空间覆土深度对地面绿化配置的影响、地下空间内部污染物通过竖井排放到室外对地面环境的影响三个方面,阐明了城市地下空间开发对城市微气候的影响机理,为分析城市地下空间开发对城市微气候的影响提供理论指导。

第3章　室外微气候实测与
　　　　　ENVI-met 的适用性分析

　　要量化分析城市地下空间开发对城市微气候的影响,最理想的实验就是对城市中某一区域进行实测,并对比不同地下空间开发方案实施后的室外微气候指标(风速、空气温度、相对湿度、太阳辐射等),归纳、总结不同地下空间设计因素对室外微气候的影响规律。但是,考虑到地下空间开发具有不可逆性,现实中也难以找到合适的项目来进行实测研究,因此,开展城市地下空间开发对城市微气候的影响研究,需要借助数值模拟的研究方法对不同地下空间开发方案下的室外微气候进行数值模拟分析,以此归纳不同地下空间开发设计因素对城市微气候的影响规律。

　　本书选用微气候模拟软件 ENVI-met 量化分析城市地下空间开发对城市微气候的影响。为了确保软件能够准确模拟室外微气候,需要以实测数据为参考对软件本身的适用性进行分析。本章选择南京市某一典型的住宅小区为实测对象,首先现场实测该小区在不同材质下垫面情况下的室外微气候变化,归纳、总结不同材质下垫面对室外微气候的影响规律;再运用 ENVI-met 软件对小区的室外微气候进行数值模拟,通过对比实测与模拟数据之间的吻合度,对 ENVI-met 软件在本章的研究中的适用性进行分析,为后续章节量化分析地下空间开发对城市微气候的影响提供技术支持。

3.1　戎泰山庄室外微气候实测

　　笔者于 2017 年 9 月 15 日至 18 日对南京市戎泰山庄室外微气候进行现场实测。小区共有建筑 17 栋,建筑布局为行列式布局,建筑坐南朝北。靠近北出口有高层建筑 4 栋,第一排 2 栋高层高 80 m,第二排高层高 50 m,其余 13 栋建筑为多层建筑,高 35 m。小区绿地率为 30%,容积率为 1.8,小区内地下空间开发的主要功能为地下停车。小区及周边现状图如图 3-1 所示。实测期间南京市气象站的气象数据如表 3-1 所示。

图 3-1　戎泰山庄及周边现状图

表 3-1　城市气象数据

日期	天气状况	温度	相对湿度	主导风向及风速	备注
9 月 15 日	晴朗	23～31 ℃	80%	东北风 3 级	20 时以后有雷阵雨
9 月 16 日	雷阵雨	24～31 ℃	88%	东北风 3 级	
9 月 17 日	雷阵雨/阴	23～27 ℃	90%	东北风 2 级	
9 月 18 日	晴朗	24～30 ℃	82%	东风 1 级	

　　本次实测主要测试的指标有空气温度、相对湿度、风速和下垫面温度,测试工具的型号、测试参数、精度、测试范围等主要参数如表 3-2 所示。电子仪器有 HOBO 温湿度记录仪,手持式气象仪以及手持测试仪器激光测距仪和红外热像仪(图 3-2)。HOBO 温湿度记录仪挂在离地面 1.5～2 m 高的树枝或墙壁上,树叶可以遮挡部分太阳辐射;对于暴露在室外、周边没有遮挡物的测试区域,如广场,使用 HOBO 温湿度记录仪时,则需要太阳辐射罩将测试仪器罩起来,避免太阳辐射对测量的影响。使用手持式气象仪时,按照测试点的顺序,依次记录测试点的风速、空气温度和相对湿度等参数。

表 3 - 2　测试仪器主要参数

仪器名称	型号	测试参数	精度	测试范围	备注
HOBO 温湿度记录仪	MX2301	空气温度	±0.2 ℃（0～70 ℃时）±0.25 ℃（−40～0 ℃时）	−40～70 ℃	适用于室内、室外
		相对湿度	±5%	0～100%	
手持式气象仪	Kestrel5500	风速、风向、空气温度、相对湿度	3%	0.2～40 m/s	手持高度在1.5～2 m之间
红外热像仪	DL-700C	下垫面温度	±2 ℃	−40 ℃～+500 ℃	
激光测距仪	LW600SPI	建筑尺寸、建筑间距等	±1 m	5～600 m	

（a）激光测距仪

（b）红外热像仪

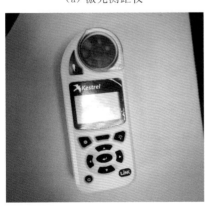

（c）手持式气象仪

（d）HOBO 温湿度记录仪

图 3 - 2　现场实测仪器

3.1.1　测点布置

　　戎泰山庄内的测点布置如图 3－3 所示，主要测量不同绿化形式、不同材质的下垫面以及水体(人工湖)对室外微气候参数的影响。各个测点的位置、测试参数、树荫情况、仪器摆放位置及测点周边具体情况等信息如表 3－3 所示。

图 3－3　各个测点的布置情况

表 3－3　各个测点的周边情况

序号	位置	仪器高度/m	树荫情况	下垫面性质	测试参数	测点周边情况
1	小区入口处的两栋高层建筑之间	1.5	树荫稀疏	乔木和草坪	空气温度、相对湿度、风速、下垫面温度	

续表

序号	位置	仪器高度/m	树荫情况	下垫面性质	测试参数	测点周边情况
2	位于高层与多层建筑之间的凉亭	1.5	亭子和建筑遮阴	透水铺装	空气温度、相对湿度、下垫面温度	
3	小区人工湖西边	1.5	树荫稀疏	乔木草坪	空气温度、相对湿度、风速、下垫面温度	
4	人工湖东边的广场	1.5	无树荫	硬质地面	空气温度、相对湿度、风速、下垫面温度	
5	小区内超市门口前的绿化带	1.5	全天有树荫	乔木小灌木	空气温度、相对湿度	
6	多层建筑之间	2.0	全天有树荫	乔木草坪	空气温度、相对湿度、风速	
7	小区草地	1.5	无	草坪	下垫面温度	
8	17 栋后面的小区车道	1.5	无	沥青道路	下垫面温度	

3.1.2 实测结果与分析

1. 空气温度

各测点的空气温度均采用 HOBO 温湿度记录仪进行自动记录,测试的结果如图 3-4 所示。通过对比发现,9 月 17 日出现阴雨天气,各测点的温度变化处在在 24～26 ℃之间,相比其余三日,各测点的温度值比较低,变化相对平缓。分析在 15 日、16 日和 18 日的空气温度变化曲线发现,总体上,各测点的温度变化趋势是一致的,各测点的温度变化在 25～33 ℃之间。09:00 之前各个测点的温度值比较接近,但从 10:00 开始,随着太阳运行轨迹的变化,太阳辐射能力逐渐增强,建筑物和植物的遮阴作用相对减弱,各个测点的空气温度有所升高。在 12:00 至 15:00 之间,随着太阳运行轨迹的变化,太阳辐射能力相对减弱,下垫面获得太阳辐射能量增加减缓,但是下垫面获得的太阳辐射能量仍要大于释放的能量。当下垫面获取太阳辐射能量开始弱于下垫面对外释放能量时候,此时各个测点的空气温度达到最高值。9 月 15 日、16 日和 18 日的空气温度最高值分别出现在 14:00、13:00 和 15:00。15:00 过后,太阳辐射能力减弱,在建筑和植物遮阴的作用下,各测点空气温度有所下降。

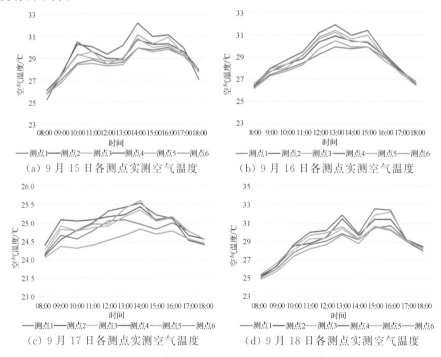

(a) 9 月 15 日各测点实测空气温度　　　(b) 9 月 16 日各测点实测空气温度

(c) 9 月 17 日各测点实测空气温度　　　(d) 9 月 18 日各测点实测空气温度

图 3-4　9 月 15 日至 18 日空气温度测试结果

分析各测点数据发现,大部分监测时间内,测点 4 的空气温度最高,测点 6 的空气温度最低,对比测点 4 和测点 6 的数据,两者相差最大约 2.3 ℃(9 月 15 日 14:00)。其原因在于一方面,布置在小区广场上的测点 4 周围空旷,缺少建筑物的阴影遮挡影响;另一方面,缺少植物的遮阴和植物蒸腾作用的影响,再加上硬质下垫面比热小、升温快,硬质地面与空气之间的长波辐射增强,造成了其上的空气温度都要高于其他监测点的空气温度。测点 6 位于住宅之间的绿化带,所处的下垫面为乔木和草坪,周边建筑能够遮挡部分太阳辐射,周边植物生长茂盛,叶片除了能够遮挡太阳的直接辐射外,其产生的蒸腾作用产生水蒸气,也能够带走大量能量,降低空气温度。

测点 1 与测点 6 的下垫面都是乔木与草坪,在 15 日、16 日和 18 日三天的监测数据显示两个测点的数据非常接近,相差分别在 0～0.3 ℃(15 日)、0～0.5 ℃(16 日)和 0.1～0.5 ℃(18 日)范围内,说明相同下垫面对空气温度的影响能力是一致的。但是测点 1 和测点 6 的空气温度均小于测点 3,这主要由于测点 3 周围缺少建筑对太阳辐射的遮挡,正午时间,测点 3 完全暴露于太阳直射中。测点 2 位于小区住宅之间的凉亭内,下垫面主要是透水铺装,建筑阴影能够覆盖整个凉亭,由于缺少植物的蒸腾作用,其空气温度值相对较高。但是,值得注意的是,下垫面是乔木和小灌木的测点 5 的空气温度在部分时刻要高于测点 2,比如,9 月 15 日,测点 5 的空气温度比测点 2 最高高 0.64 ℃(16:00);9 月 16 日,测点 5 的空气温度比测点 2 最高高 0.82 ℃(16:00),这主要因为测点 5 周边没有建筑遮挡太阳辐射,这说明建筑排布产生的建筑阴影对空气温度的变化有一定的影响。测点 3 和测点 5 虽然都处于空旷地带,周边没有建筑物的遮挡,但是对比测点 5 和测点 3 的数据,发现测点 3 的空气温度率略低于测点 5,相差范围在 0.04～0.8 ℃之间,其原因在于测点 3 位于小区人工湖旁,湖水的蒸发带走的汽化潜热冷却了周围的空气。

排除 17 日特殊的阴雨天气,通过对 15 日、16 日和 18 日各个测点的数据对比,可以发现不同性质下垫面上的空气温度排序大致为为:乔木＋草坪(测点 1、测点 6)＜透水铺装(测点 2)＜缺少建筑遮挡的乔木＋草坪和乔木＋小灌木(测点 3、测点 5)＜硬质地面(测点 4)。这说明绿化的蒸腾作用能够消耗部分能量,相比透水铺装和硬质地面更容易降低室外温度。此外,建筑阴影对太阳辐射的遮挡作用也是影响空气温度的重要因素。

2. 相对湿度

各测试点的相对湿度均采用 HOBO 温湿度记录仪进行自动记录,测试的结果如图 3-5 所示。通过对比发现,由于 9 月 17 日出现阴雨天气,各测点的相对湿度要高于其余三日的数据值,各测点的相对湿度曲线变化比较平缓,整体波动范围也比较小,在88%～98%之间。分析在15日、16日和18日的相对湿度变化曲线,发现各测点的相对湿度变化出现了先降低后上升的"V"字形(16日和18日)和"W"字形(15日),相对湿度的波动幅度比较大,在60%～94%之间。

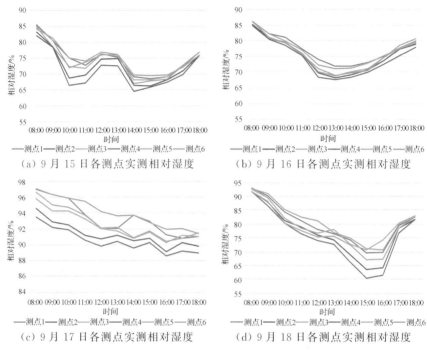

(a) 9月15日各测点实测相对湿度   (b) 9月16日各测点实测相对湿度

(c) 9月17日各测点实测相对湿度   (d) 9月18日各测点实测相对湿度

图3-5 9月15日—18日相对湿度测试结果

通过分析15日、16日和18日的各测点数据,发现分别在14:00、13:00和15:00时,各测点的相对湿度出现了最小值。而最小值未在同一时间点出现,主要是因为这三天的太阳运行轨迹有所差异。另外,可以发现当相对湿度出现最低值时,空气温度恰好达到了当天最高值,这说明随着太阳轨迹的变化,当地面接收的太阳辐射能量达到最大限度,致使各测点空气温度达到最高值时,相对湿度处于最低状态。再者,不同位置的不同下垫面属性对相对湿度的影响是不同的。大部分监测时间内,下垫面为乔木＋草坪的测点1和测点6的相对湿度数值相对比较高,且非常接近,差值最大仅为0.05%(16日16:00)。其次是测点5和测点3,虽然测点5和测点3周围缺少建筑物对太阳辐射的遮挡,但是数据仍比下垫面为透水铺装和硬质地面的测点2和测点4高。这说明建筑对太阳辐射的遮挡虽然能够影响空气温度,但是对于相对湿度,植物是影响空气相对湿度的主要因素。另外,由于花岗岩比透水铺装的透水性差,以致无法储存水,缺少地表水蒸发产生的水蒸气,因此测点4的相对湿度小于测点2。

3. 下垫面温度

各测点的下垫面温度由实测人员采用手持热像仪每间隔 1 h 对各测点进行手动观测,图 3-6 是监测点在 9 月 15 日 10:00 的红外热成像图。测点 1 和测点 3 的下垫面同为乔木＋草坪,但是测点 1 处于住宅建筑之间,建筑阴影遮挡了太阳辐射,而测点 3 位于开阔地带,完全暴露于太阳辐射中,对比两个测点的下垫面温度可见,测点 1 比测点 3 低 4 ℃。

(a) 测点 1(21.6 ℃)　　　　　　(b) 测点 2(19.8 ℃)

(c) 测点 3(25.6 ℃)　　　　　　(d) 测点 4(26 ℃)

(e) 测点 7(24.5 ℃)　　　　　　(f) 测点 8(29.1 ℃)

图 3-6　测点在 9 月 15 日 10:00 的红外热成像图

测点 2 的下垫面是虽然是透水铺装,在建筑阴影和土壤水分蒸发的双重作用下,下垫面温度处于比较低的状态。下垫面为草坪的测点 7 虽然缺少周围建筑物对太阳辐射的遮挡,但是在植物叶片蒸腾作用以及土壤水蒸气蒸发的作用下,比下垫面为硬质地面和沥青的测点 4 和测点 8 的下垫面温度分别低 1.5 ℃和 4.6 ℃。

4. 风速

笔者于 9 月 15 日和 9 月 18 日对戎泰山庄部分监测点处的风速进行了实测(图 3-7)。由于这两日的室外风速不同,各测点的实测数据也有所差别。18 日室外风速为三级,15 日室外风速为一级,18 日各测点的实测风速明显要高于 15 日。这说明,各测点实测风速的大小主要由室外气象条件决定。通过两日各测点的实测数据对比发现,两日内各测点实测风速变化趋势类似。测点 1 由于位于小区高层建筑之间,高层建筑阻挡了气流的传播,在建筑背面形成了风影区,风速始终处于最低水平;测点 3 和测点 4 由于位于开阔地带,所以数值比较接近且变化趋势类似;测点 6 的实测风速由于位于小区道路的拐弯处,两侧建筑容易形成"狭管效应",引起风速的增大。

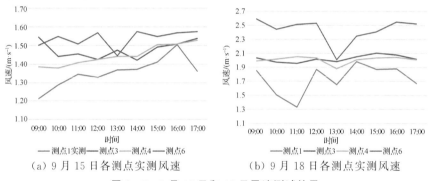

(a) 9 月 15 日各测点实测风速　　　　(b) 9 月 18 日各测点实测风速

图 3-7　9 月 15 日和 18 日风速测试结果

通过对戎泰山庄室外空气温度、相对湿度、下垫面温度、风速等室外气象参数的实测,得出以下结论:

(1) 在不同材质下垫面情况下室外的空气温度和相对湿度分布不同。绿化的蒸腾作用能够消耗部分能量,相比透水铺装和硬质地面更容易降低室外温度。建筑阴影对太阳辐射的遮挡作用也是影响空气温度的重要因素。另外,绿化的蒸腾作用以及土壤内的水分蒸发能够提高室外的相对湿度。

(2) 不同材质的下垫面温度不同,且同种材质的下垫面由于所处的位置不同其下垫面温度也有所差异。总的来说,不同材质下垫面温度排序为:绿化<透水铺砖<硬质地面<沥青。

(3) 风速主要受建筑布局的影响。在建筑背风面形成的风影区会降低室外风速。相比之下,开阔地带以及相邻建筑产生的"狭管效应"会加大室外风速。

3.2　模拟软件的选择及适用性分析

为了量化分析不同地下空间要素对室外微气候积极和消极两方面的影响,所选的模拟软件应符合以下特征:

(1)计算模型中须包含植物模块,能够分析由于地下空间开发产生的新增绿地对室外微气候各要素[空气温度、风速、相对湿度、平均辐射温度(MRT)等]的影响。

(2)计算模型中须包含空气污染物模型,以便分析地下空间开发对室外空气质量的量化评价。

(3)模型分辨率应能够适应不同尺度、不同空间特征,能够体现不同材质的下垫面(如硬质地面、自然土壤、砂石等)、不同种类绿化(乔木、大灌木、小灌木、草地等)、不同建筑类型对室外微气候的影响。

目前,能够综合分析室外微气候各要素及各要素之间的相互作用的微气候软件还比较少,绝大多数软件只专注于室外微气候的某一方面的评价且软件开发基于的模型也有所不同,如表 3-4 所示。

表 3-4　典型微气候模拟工具比较

软件模型	软件名称	主要输出参数
能量平衡模型	RAYMAN	平均辐射温度(MRT)、辐射通量、生理等效温度(PET)、预测平均热感觉指数(PMV)、标准有效温度(SET*)等
CTTC(Cluster Thermal Tim Constant)模型及其改进型	DUTE	空气温度、热岛强度
CFD 模型	PHOENICS	风环境、空气温度、空气湿度、平均辐射温度(MRT)
	ENVI-met	风环境、空气温度、空气湿度、平均辐射温度(MRT)、空气污染物等
	MISKAM	风场、空气污染物等

通过对比发现,ENVI-met 能够满足并且最适宜本书研究。ENVI-met 里的植物模块基于几何学和统计学两类方法,能够定义、描述不同种类的植物,并且能够将植物模块与基本气象参数(温度、湿度、辐射、风速)建立联系,参与其他模块的耦合计算;另外,ENVI-met 能够定义不同的空气污染物,模拟分析不同空气污染物

的时空分布特征;最后,ENVI-met 的空间分辨率为 0.5~10 m,时间分辨率≤10 s,能够对不同尺度的室外微气候进行模拟分析。目前,ENVI-met 已经广泛应用于世界不同地区、不同尺度的微气候研究中,包括美国的校园[89]、城市[90],日本的校园[91],武汉的街道[38]、城市[43],北京的居住区[17]、街道[92],南京的居住区[44,93-94]、街道[95-96],广州的居住区[40,97]、中央商务区等[98]。

3.2.1 ENVI-met

ENVI-met 是德国波鸿鲁尔大学 Bruse 和 Fleer 于 1998 年基于流体力学和热力学开发的城市微气候模拟软件,用于模拟构筑物—植被—大气三者之间的热应力关系[42]。早期的版本有 ENVI-met3.0、ENVI-met3.1,相比早期版本,ENVI-met4.0 及后续版本在显示界面以及操作上都有了不同的改建。ENVI-met4.0 及后续版本不仅实现了对 3D 植物的定义,完成了植物模块的设置从平面二维到立体三维的转变,而且还可以根据模拟计算的需求,使用户能够自主输入逐时的气象参数,比如可以将实测的气象参数或者典型气象年、典型气象日数据输入软件作为模拟的气象边界条件。本章研究使用最新的 ENVI-met4.3.2 科学版,该版本的并行计算功能能够减少模型的运算时间,而且添加的生物模块 Biomet 能够准确对人体的室外热舒适度进行模拟计算。ENVI-met 的内部结构模型如下。

1. 大气模型

风环境的控制方程[42]:

$$\frac{\partial u}{\partial t} + u_i \frac{\partial u}{\partial x_i} = -\frac{\partial p}{\partial x} + K_m \left(\frac{\partial^2 u}{\partial x_i^2} \right) + f(v - v_g) - S_u \qquad (3-1)$$

$$\frac{\partial v}{\partial t} + u_i \frac{\partial v}{\partial x_i} = -\frac{\partial p}{\partial y} + K_m \left(\frac{\partial^2 v}{\partial x_i^2} \right) - f(u - u_g) - S_v \qquad (3-2)$$

$$\frac{\partial w}{\partial t} + u_i \frac{\partial w}{\partial x_i} = -\frac{\partial p}{\partial z} + K_m \left(\frac{\partial^2 w}{\partial x_i^2} \right) + g \frac{\theta(z)}{\theta_{ref}(z)} - S_w \qquad (3-3)$$

$$\frac{\partial u}{\partial x} + \frac{\partial v}{\partial y} + \frac{\partial w}{\partial z} = 0 \qquad (3-4)$$

式中:f——利氏常数,$f = 10^4 \text{ s}^{-1}$;

  p——局部扰动压力;

  θz——z 处的大气位温;

  K_m——运动粘滞系数的变化率;

  $i = 1,2,3$。

温湿度场的控制方程[42]:

$$\frac{\partial q}{\partial t}+u_i\,\frac{\partial q}{\partial x_i}=K_q\left(\frac{\partial^2 q}{\partial x_i^2}\right)+Q_q \qquad (3-5)$$

$$\frac{\partial \theta}{\partial t}+u_i\,\frac{\partial \theta}{\partial x_i}=K_h\left(\frac{\partial^2 \theta}{\partial x_i^2}\right)+\frac{1}{c_p\rho}\times\frac{\partial R_{n,lw}}{\partial z}+Q_h \qquad (3-6)$$

式中：Q_h——热传递；

　　Q_q——湿传递；

　　K_h——热扩散系数；

　　K_q——湿扩散系数。

大气湍流的控制方程[42]：

$$\frac{\partial E}{\partial t}+u_i\,\frac{\partial E}{\partial x_i}=K_E\left(\frac{\partial^2 E}{\partial x_i^2}\right)+P_r+T_h+Q_E-\varepsilon \qquad (3-7)$$

$$\frac{\partial \varepsilon}{\partial t}+u_i\,\frac{\partial \varepsilon}{\partial x_i}=K_\varepsilon\left(\frac{\partial^2 \varepsilon}{\partial x_i^2}\right)+c_1\,\frac{\varepsilon}{E}P_r+c_3\,\frac{\varepsilon}{E}Th-c_2\,\frac{\varepsilon^2}{E}+Q_\varepsilon \qquad (3-8)$$

$$P_r=K_m\left(\frac{\partial u_i}{\partial x_j}+\frac{\partial u_j}{\partial x_i}\right)\frac{\partial u_i}{\partial x_j} \qquad (3-9)$$

$$T_h=\frac{g}{\theta_{ref(z)}}K_h\,\frac{\partial \theta}{\partial z} \qquad (3-10)$$

式中：P_r——风切应力和浮力作用产生的湍流能量；

　　T_h——风切应力和浮力作用产生的消耗量。

2. 土壤模型

土壤模型的控制方程为[42]：

$$\frac{\partial T}{\partial t}=K_s\,\frac{\partial^2 T}{\partial z^2} \qquad (3-11)$$

$$\frac{\partial \eta}{\partial t}=D_\eta\,\frac{\partial^2 \eta}{\partial z^2}+\frac{\partial K_\eta}{\partial z}-S_\eta(z) \qquad (3-12)$$

式中：K_s——热扩散率；

　　K_s——水力传导系数；

　　K_η——水力扩散系数；

　　S_η——根吸收的水分，可由植物子模型计算得到。

3. 植物模型

植物模型的控制方程为：

$$J_{f,h}=1.1\gamma_a^{-1}(T_f-T_a) \qquad (3-13)$$

$$J_{f,evap}=\gamma_a^{-1}\Delta q\delta_c f_w+\gamma_a^{-1}(1-\delta_c)\Delta q \qquad (3-14)$$

$$J_{f,trans}=\delta_c(\gamma_a+\gamma_s)^{-1}(1-f_w)\Delta q \qquad (3-15)$$

$$\Delta q = q^* \times T_f - q_a \tag{3-16}$$

式中：$J_{f,h}$——显热热流；

$\quad J_{f,evap}$——叶面蒸发量；

$\quad J_{f,trans}$——植物蒸腾散湿量；

$\quad T_a$——空气温度；

$\quad T_f$——叶片的表面温度；

$\quad \Delta q$——空气对叶片的散湿量。

4. 构筑物模型

构筑物表面能量平成方程[42]：

$$0 = R_{sw,net} + R_{lw,net} - c_p \rho J_h^0 - \rho L \times J_v^0 - G \tag{3-17}$$

式中：$R_{sw,net}$——短波辐射；

$\quad R_{lw,net}$——长波辐射。

长短波辐射计算公式如下[42]：

$$R_{sw} = \int_{0.29}^{0.40} I_0(\lambda) \exp[-a_R(\lambda) \times m + a_M(\lambda) \times m] d\lambda \tag{3-18}$$

$$R_{sw,dir}^0 = R_{sw} - R_{sw,abs} = R_{sw} - (70 + 2.8VP_{2m} \times m) \tag{3-19}$$

$$R_{sw,dif}^0 = f(R_{sw,dir}^0, \varphi) \tag{3-20}$$

式中：I_0——太阳长波辐射强度；

$\quad m$——光学质量；

$\quad \varphi$——太阳高度；

$\quad R_{sw,abs}$——水蒸气吸收率。

长波辐射总量 $R_{lw}(z)$ [42]：

$$R_{lw}(z) = \sum_{n=1}^{N} \sigma_B T^4(n)[\varepsilon_n(l+\Delta l) - \varepsilon_n(l)] \tag{3-21}$$

$$J_h^0 = -K_h^0 \frac{\partial T}{\partial z}\Big|_{z=0} = -K_h^0 \frac{\theta(k=1) - T_0}{0.5\Delta z(k=1)} \tag{3-22}$$

$$J_v^0 = -K_v^0 \frac{\partial q}{\partial z}\Big|_{z=0} = -K_v^0 \frac{q(k=1) - q_0}{0.5\Delta z(k=1)} \tag{3-23}$$

式中：K_h^0——热传递系数；

$\quad K_v^0$——热湿传递系数；

$\quad q_0$——土壤第一层含水量。

5. 生物气象模型

各辐射强度计算公式[42]：

$$T_{mrt} = \left[\frac{1}{\sigma_B}(E_t(z) + \frac{\alpha k}{\varepsilon_p}(D_t(z) + I_t(z))) \right]^{0.25} \qquad (3-24)$$

$$E_t(z) = 0.5\left[(1-\sigma_{svf}(z))R_{lw}^{\leftrightarrow} + \sigma_{svf}(z)R_{lw}^{\downarrow,0} \right]0.5\varepsilon_s\sigma_B T_0^4 \qquad (3-25)$$

$$R_{lw}^{\leftrightarrow}(z) = (1-\sigma_{svf}(z))\varepsilon_w\sigma_B \overline{T_w}^4 \qquad (3-26)$$

$$D_t(z) = \sigma_{svf}(z)R_{sw,dif}^{\downarrow,0} + (1-\sigma_{svf}(z))\bar{\alpha}R_{sw,dir}^{\downarrow,0} \qquad (3-27)$$

$$I_t(z) = f_p R_{sw,dir}^{\downarrow,0}(z) \qquad (3-28)$$

$$f_p = 0.42\cos\varphi + 0.043\sin\varphi \qquad (3-29)$$

式中：$R_{lw}^{\leftrightarrow}(z)$——长波辐射；

$\overline{T_w}$——平均温度；

f_p——投影系数。

T_{mrt} 在每个网格处的计算公式[42]：

$$T_{mrt} = \left[\frac{1}{\sigma_B}\left(E_t(z) + \frac{\partial_k}{\varepsilon_p}(D_t(z) + I_t(z)) \right) \right]^{0.25} \qquad (3-30)$$

另外，对于空气污染的模拟，主要是颗粒污染沉降模型，颗粒物的沉降过程是十分复杂的，其包含颗粒物的重力沉降和由于叶片对颗粒物的吸附作用产生的沉降。重力引起的沉降控制方程如下[42]：

$$X_{\downarrow}(z) = -v_{s/d}D\frac{X(z)}{\Delta z} \qquad (3-31)$$

叶子表面吸附的沉降控制方程如下：

$$\frac{m_{plant}}{\partial t} = X_{plant}(z) \cdot \frac{1}{LAD(x,y,z)} \cdot \rho \qquad (3-32)$$

在运用 ENVI-met 进行模拟时，使用者可以通过设置经纬度来确定模拟对象所在城市，还可以利用城市的气象数据作为模拟的输入参数，主要包括风向、风速（地面高 10 m）、相对湿度、当天云量等；在 ENVI-met 的输出结果中，使用者可以根据自己的需求，输出不同高度的风环境、湿热环境、平均辐射温度、污染物浓度以及人体热舒适等参数。

ENVI-met 的运算流程如图 3-8 所示。软件运算时，会读取建模阶段产生的".SIM"文件，并调用各个模块中的".DAT"文件，在配置文件".INX"的配合下，对模型进行模拟计算。另外，模拟计算过程中，还可以设置多个测点（Receptor），以接收所指定测点处的数据。模拟的结果利用软件自带的 LEONARDO 模块来查看，能够实现模拟结果的可视化。

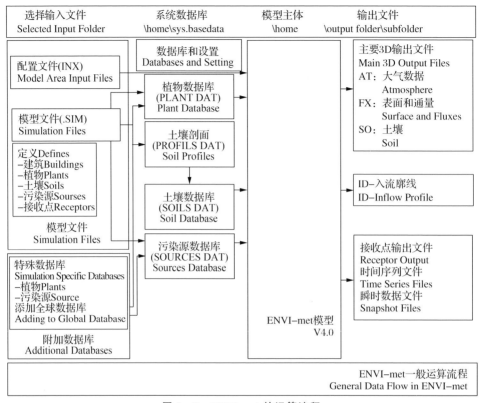

图 3 – 8　ENVI-met 的运算流程

3.2.2　软件的适用性分析

针对 ENVI-met 的适用性分析,国内外相关学者已经开展了大量的研究,如表 3 – 5 所示。

表 3 – 5　国内外关于 ENVI-met 适用性的校验总结

作者	城市	软件版本	分析参数	结论
Chow 等[89]	美国凤凰城	3.1	近地面的空气温度	软件能够准确模拟模型的中心区域的空气温度,准确度高,由于模型没有考虑周边建筑,边缘部分准确度降低
Srivanit 等[91]	日本佐贺市	4.0	空气温度、相对湿度、风速、太阳辐射	各参数实测值与模拟值相差很小,其中空气温度的实测值与模拟值相差仅0.103 ℃

续表

作者	城市	软件版本	分析参数	结论
王振[38]	武汉	3.0	空气温度、相对湿度、风速、风向	夏季和冬季各气象参数的模拟值与实测值基本一致
Ng 等[14]	香港	3.1	空气温度、相对湿度、风速、太阳辐射	各气象参数的模拟值与实测值基本吻合,满足研究需求
陈卓伦[40]	广州	3.0	空气温度、相对湿度、风速、下垫面温度	在晴天少云时,软件模拟值与实测值吻合度高
杨小山[41]	广州	4.0	土壤温度、空气温度、相对湿度、下垫面温度	土壤温度、空气温度的模拟结果与实测结果吻合度高,相对湿度在垂直方向有部分差异。下垫面温度的均方根误差(RMSE)为 2.60～3.18 ℃,该软件能够合理模拟复杂城市场景下的室外热环境
杨晓彬[21]	南京	3.0	下垫面温度	在晴天少云天气下,实测值与模拟值吻合度高

　　对于 ENVI-met 的适用性分析,本章选择天气状况较好的 9 月 15 日的实测数据为参考,以 9 月 15 日的城市气象参数作为模拟气象输入参数,对戎泰山庄室外微气候变化进行模拟,对比各测点实测数据与模拟数据之间吻合度,校验 ENVI-met 在南京地区的适用性。由于戎泰山庄植物种类繁多,为了简化植物模型,通过现场调研对小区内主要植物进行统计,选出占比较大的植物类型,选取叶面积指数、高度作为植物输入参数。

　　戎泰山庄内的绿化设计主要以建筑之间的宅间绿化和广场周边的绿化设计为主。小区中心步行道路两侧种植有樟树;在建筑向阳面,靠近建筑布置有常绿的小灌木海桐、迎春花等,以避免对阳光的遮挡;建筑背阳面主要种植海桐、石楠、金叶女贞等大灌木植物。建筑之间的宅间绿化和广场绿化采用乔木、灌木和草等多种植物相互搭配的设计方式,主要植物有红花檵木、桂花、紫荆、含笑花、黄杨、沿阶草等植物。通过对小区内不同植物的观察分析(图 3 - 9),小区内的植物主要可分为以下几类:常绿乔木、落叶乔木、大灌木、小灌木和草(表 3 - 6)。模拟设置参数见表 3 - 7,模拟模型如图 3 - 10 所示。

图 3 - 9 小区植物简化分类依据

表 3 - 6 戒泰山庄内的植物分类

植物类别	代表植物	离地高度/m	叶面积指数
常绿乔木	樟树	10	2.5
落叶乔木	桃树	6	2.42
大灌木	石楠	1.5	2.7
小灌木	海桐	0.5	2.57
草	沿阶草	0.1	2.71

表 3 - 7 基本模拟设置

参数	定义	参数值
气象条件	风速	3.5 m/s
	风向	45°
	原始大气温度	294.95 K
	室外大气压	100 250 Pa
	相对湿度	80%
模型设置	建筑尺寸 ($L \times W \times H$)	63 m×12 m×35 m
		70 m×18 m×50 m
		70 m×20 m×80 m
	建筑材质	混凝土
	建筑颜色	米黄色
	嵌套网格数量	10
	网格数量($X \times Y \times Z$)	210×210×30
	网格步长($X \times Y \times Z$)	1 m×2.5 m×7.5 m

注:风向0°、90°、180°、270°分别代表的风向为北、东、南、西;建筑尺寸 L、W、H 分别为长、宽、高。

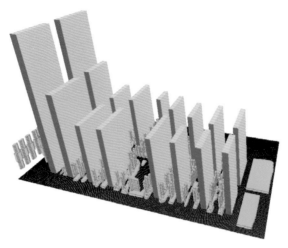

图 3‐10　戎泰山庄数值模型

在进行校验时,主要从以下几方面对比实测值与模拟值:

(1) 定性评价空气温度、相对湿度、风速等指标的时空分布(水平方向),分析不同下垫面材质下的各气象指标的变化规律;

(2) 通过数据提取,定量分析不同测点下各气象要素的逐时变化规律;

(3) 各测点实测值与模拟值之间日平均差的对比,日平均差 $\Delta S = S_{实测} - S_{模拟}$。

1. 小区内各测点的气象参数水平分布规律

图 3‐11 显示了 9 月 15 日 12:00 小区内相对湿度、空气温度和风速的 ENVI-met 模拟结果。

定性分析空气温度(图 3‐11a)发现,沥青地面、透水铺装(测点 2)以及硬质地面(测点 4)周边的空气温度普遍偏高。在小区布置绿化(测点 1、测点 5 和测点 6)以及小湖周边(测点 3)的空气温度会有所降低。模拟得到的各测点空气温度空间分布规律与实测结果一致。

定性分析相对湿度(图 3‐11b)发现,测点 2 和测点 4 由于下垫面为透水铺装和硬质下垫面,周围绿化较少,所以局部的相对湿度比较低。对于有绿化分布的区域,相对湿度相对比较高,各测点相对湿度的分布规律与实测结果一致。

定性分析风速(图 3‐11c)发现,在建筑的背风面形成的深蓝色风影区内(测点 1),风速普遍降低。在开阔地带(测点 3 和测点 4)由于缺少建筑物对气流传播的阻挡,风速有所提高。另外,由于相邻建筑之间容易发生"狭管效应",在相邻的建筑间,风速也有所增加。各测点风速的分布规律与实测结果基本一致。

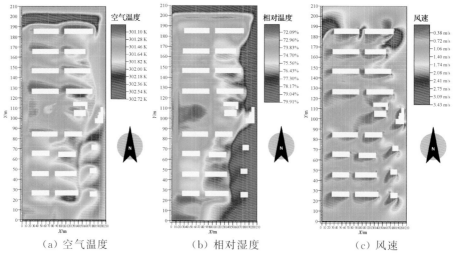

（a）空气温度　　　　　　（b）相对湿度　　　　　　（c）风速

图 3 - 11　9 月 15 日小区内相对湿度、空气温度和风速模拟结果

（12:00、地上 1.5 m）

2. 空气温度、相对湿度、下垫面温度的实测值与模拟值的逐时变化

图 3-12、图 3-13 和图 3-14 显示了 9 月 15 日各测点空气温度、相对湿度和下垫面温度的实测值与模拟值的对比。整体上看,各测点空气温度、相对湿度和下

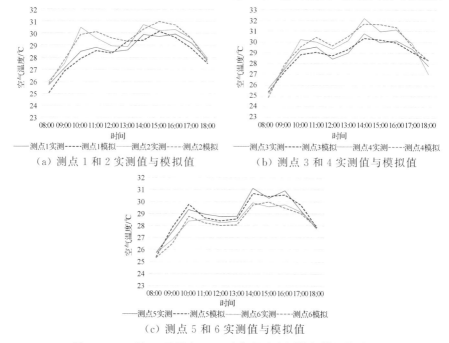

（a）测点 1 和 2 实测值与模拟值　　　　（b）测点 3 和 4 实测值与模拟值

（c）测点 5 和 6 实测值与模拟值

图 3 - 12　9 月 15 日测点 1～6 空气温度实测值与模拟值对比

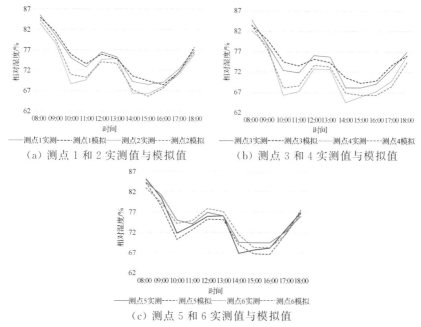

（a）测点 1 和 2 实测值与模拟值　　　　（b）测点 3 和 4 实测值与模拟值

（c）测点 5 和 6 实测值与模拟值

图 3-13　9 月 15 日测点 1～6 相对湿度的实测值与模拟值对比

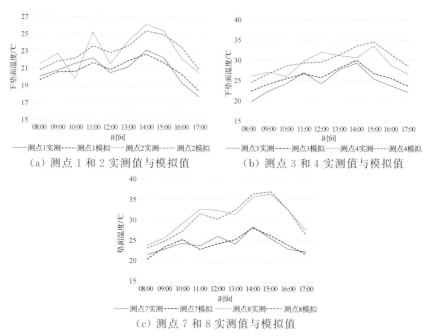

（a）测点 1 和 2 实测值与模拟值　　　　（b）测点 3 和 4 实测值与模拟值

（c）测点 7 和 8 实测值与模拟值

图 3-14　9 月 15 日测点 1～4、测点 7 和测点 8 下垫面温度的实测值与模拟值对比

垫面温度的实测值与模拟值的逐时变化规律类似,且各测点的实测值和模拟值大部分时间内基本吻合,空气温度最大差值分别为 0.73 ℃(测点 2,15:00);相对湿度最大误差分别为 2.31%(测点 3,14:00);下垫面温度最大误差分别为 2.5 ℃(测点 3,08:00),其余基本在仪器的误差范围内(空气温度±0.2 ℃,相对湿度±5%,下垫面温度±2 ℃)。

3. 各气象参数实测值与模拟值的日平均差

空气温度、相对湿度和下垫面温度的实测值与模拟值的日平均差如表 3-8 和表 3-9 所示。整体上,各个气象参数的日平均差比较小,其日平均差均小于仪器精度(空气温度±0.2 ℃,相对湿度±5%,下垫面温度±2 ℃)。风速的实测值与模拟值的日平均差如表 3-10 所示。除了测点 1,其余各测点的日平均差均超过了仪器的精度(3%)。这主要是因为模拟输入的气象条件是按照当天风向发生的最高频率和风速的平均值选取,并没有逐时地输入天气气象条件,这就相当于在模拟时间内,外部进入小区内部的气流是恒定不变的,对于时变的气流对小区风环境的影响不能准确地进行反映。但是,从工程角度来看,目前对于辅助工程规划设计的风环境的模拟,通常也是采用某个季度的平均风速及最高发生频率的风向或者是将典型气象日的风速、风向作为初始输入参数,这些模拟也能满足辅助规划设计的要求。因此,在考虑模拟模型与实际模型存在偏差以及仪器存在误差的情况下,在仪器的误差范围内,模拟值基本上能够代表实测值,也说明在南京地区 ENVI-met 能够准确模拟室外微气候的变化。

表 3-8 9 月 15 日空气温度和相对湿度实测值与模拟值的日平均差

气象参数	测点 1	测点 2	测点 3	测点 4	测点 5	测点 6
空气温度/℃	−0.2	−0.14	−0.09	−0.15	0.05	0.15
相对湿度/%	−0.23	−0.34	−0.52	0.36	0.66	0.15

表 3-9 9 月 15 日下垫面温度实测值与模拟值的日平均差

气象参数	测点 1	测点 2	测点 3	测点 4	测点 7	测点 8
下垫面温度/℃	0.031	−0.027	−1.27	−0.65	−0.73	0.57

表 3-10 9 月 15 日风速实测值与模拟值的日平均差

气象参数	数值	测点 1	测点 3	测点 4	测点 6
风速/(m·s⁻¹)	实测值	1.35	1.48	1.45	1.54
	模拟值	1.60	2.02	2.07	2.39
	差值	−0.25	−0.54	−0.62	0.85

3.3　本章小结

　　本章选取南京市常见的住宅小区为实测对象,现场实测了小区内不同材质下垫面情况下空气温度、相对湿度、下垫面温度和风速的变化,并运用微气候模拟软件 ENVI-met 对小区室外微气候进行了数值模拟,通过对比各气象参数实测与模拟数据之间的吻合度对软件的适用性进行了分析。结果显示,小区室外微气候的模拟结果在数值、空间分布和规律上与实测结果基本吻合,这表明 ENVI-met 能够准确模拟南京地区的室外微气候变化,为进一步量化研究城市地下空间开发对城市微气候的影响提供技术支持。

第4章 地下空间覆土深度对地面绿化配置及室外微气候的影响

　　地下空间覆土深度决定了开发区域的绿化配置,绿化对改善室外微气候有积极的作用。为了能够清楚地了解不同地下空间覆土深度对地面绿化配置及室外微气候的影响,本章以住宅区地下空间开发为例,通过对南京市商业楼盘的实地调研,建立两种南京市常见的住宅区规划布局模型,运用第3章校验过的微气候模拟软件 ENVI-met 量化分析不同地下空间覆土深度对应的小乔木、大灌木、小灌木和草四种绿化配置对室外微气候的影响,并根据模拟结果对合理设计地下空间覆土深度提供初步建议,以达到改善室外微气候的目的。

4.1 研究方案

4.1.1 研究对象

　　为了量化研究地下空间覆土深度对地面绿化配置及室外微气候的影响,本章选择南京市具有地下停车功能的住宅小区为研究对象。研究对象的选择基于两方面的考虑:一方面是因为南京市夏季热岛现象明显,夏季室外气温高达 40 ℃[13],夏季热岛强度要大于冬季,且有明显的增强趋势。而城市住宅区是城市居民生活、活动的主要场所,占地比重占城市建设用地的 40%～50%,其夏季热岛效应问题尤其突出[17-18]。另一方面在于,南京市的地下空间开发量巨大,2013 年的地下空间开发量已达 2 450 hm²,根据城市规划,开发量在 2030 年将达到 8 600 hm²[12];同时,地下空间开发在南京住宅区的应用已经非常普遍。通过开发住宅区地下空间,将一些对自然阳光、温度、环境等要求不高的功能(如地下停车场、地下健身房、地下图书馆等)转移到地下,从而节省更多的土地以进行景观规划,增加小区的绿化面积,改善室外微气候,营造舒适的室外空间。其中,住宅区开发利用地下空间的最常见的功能就是地下停车功能。

4.1.2　南京市部分商业楼盘建设实地调研

为了使得研究结果具有普遍的适用性,笔者通过对南京市 54 个商业楼盘进行实地调研,了解目前建筑布局、建筑类别、停车方式、绿化设计等因素在实际案例中的使用状况,建立模拟分析模型。调研案例的详细资料见附录 1。

图 4-1 显示了 54 个新建商业楼盘中绿化率、建筑类别、容积率、建筑布局以及停车方式的分布情况,通过分析可以得到以下规律。

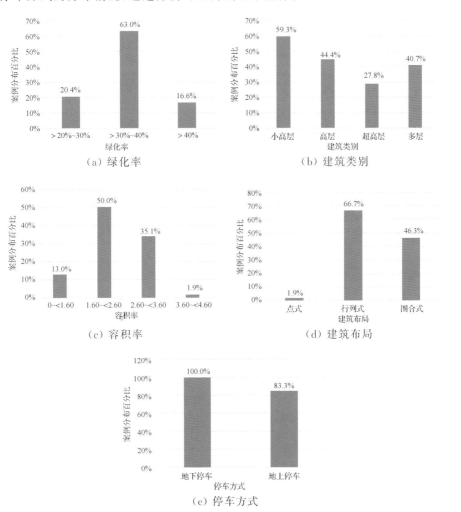

图 4-1　南京市商业楼盘规划设计因子分布情况

(1) 绿化率：有 20.4％的案例的绿化率在＞20％～30％之间；63％的住宅小区的绿化率在＞30％～40％之间；有 16.6％的案例的绿化率大于 40％。

(2) 建筑类别：目前新建的楼盘中，由于容积率的控制，超高层建筑所占的比例比较低，在 27.8％。多层建筑和高层建筑所占的比例相当，分别为 40.7％和 44.4％。小高层建筑所占的比例最高，达到 59.3％。这说明，小高层建筑是目前比较流行常见的建筑类别。

(3) 容积率：在单位土地面积上，建筑面积越大，容积率越高，投资商的收益也就越大。但是，容积率的增加会增加建筑容量，带来环境恶化等问题。通过数据统计可以发现，超过 80.0％的容积率在 1.6～＜3.6 之间，其中，容积率范围在 1.6～＜2.6 的案例占案例总量的比例为 50.0％；容积率范围在 2.6～＜3.6 的案例占案例总量的比例为 35.1％；这表明 1.6～＜2.6 是南京市目前新建楼盘中常用的容积率范围。

(4) 建筑布局：行列式和围合式建筑布局是南京市常见的两种建筑布局[44]。通过实地调研发现，在 54 个商业楼盘中，最常见的建筑布局是行列式布局，所占比例为 66.7％，其次是围合式建筑布局，所占比例为 46.3％。仅有 1.9％的案例是点式建筑布局。可见，行列式和围合式是南京较为典型的两种建筑布局。

(5) 停车方式：在土地资源日益紧缺的背景下，目前的住宅小区建设基本上采用地下停车的方式，实行人车分流，这有助于节约土地资源，增加小区绿化面积。通过对 54 个楼盘的调研发现，目前，南京市新建小区更愿意采用地下停车的方式，这类案例所占的比例达到了 100％。需要注意的是，地上停车案例所占的比例虽然达到 83.3％，但是这些小区的停车方式仍以地下停车为主，地面还会配备一些机械立体停车库。

4.1.3　模型的建立

根据上述调研分析，本章以南京市典型的行列式和围合式建筑布局的住宅小区为研究对象，建立模拟分析模型(图 4 - 2)，小区占地面积为 12 100 m²，小区建筑类别为 10 层小高层，总高度为 30 m，停车方式为地下停车，绿化率为 30％，容积率为 2.08。图 4 - 3 是建筑单体的户型布局及标准层设计。

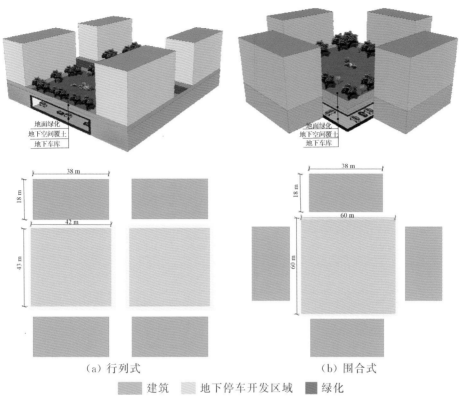

（a）行列式　　　　　　　　　　　（b）围合式

　　建筑　　　地下停车开发区域　　　绿化

图 4 - 2　模拟分析模型

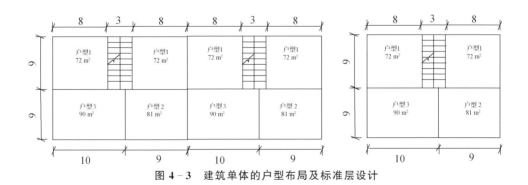

图 4 - 3　建筑单体的户型布局及标准层设计

4.1.4 室外微气候评价指标

1. 气象参数指标

风速、空气温度、相对湿度都是比较常用的微气候指标,能够直接反映室外的微气候变化[12]。对于风环境而言,目前,很多国家和地区都对建筑室外的风环境提出要求,如伦敦、多伦多和悉尼等城市明文规定新建项目报批需要做风环境的舒适性分析[99],荷兰 2006 年颁布了建筑风环境条例[100],我国最新颁布的《绿色建筑评价标准》(GB/T 50378—2019)也涉及风环境基本标准[101]。

室外风环境的舒适性取决于风速对室外活动的影响和人们的直觉。人们的户外活动可以按照静坐、站立、行走和快行等四类活动对应相应的舒适风速[102]。从室外风速与舒适性的调研分析结果来看,在建筑周围行人 1.5 m 处风速小于 5 m/s 为较舒适的室外风环境[103-104]。人们对平均风速的感觉不同,对一定时间限度内的不舒适风是可以接受的,但对不舒适风的概率(一年中超过舒适风速阈值小时数的百分率)就需要控制。一年中风速超过舒适风速标准的概率不应大于 5%[102]。

以上指标虽然能够直接反映室外微气候的变化,但是,这些指标相对比较单一,并不能准确反映人体室外的热舒适度。

2. 热舒适指标

相比室内热舒适评价,由于室外复杂的辐射和风环境,室外热舒适评价显得更加复杂和困难[105]。目前,常用的室外热舒适指标主要分为两大类:一类是根据主观测量和经验发展而来的经验指标,如风冷指标、表面温度、湿度、风速等。这些指标一般假设人们是在久坐少动的状态下测量的,忽略了人体生理学、活动状态、着装量、新陈代谢、测量对象特征(性别、身高、体重、年龄等)等方面对热感觉的影响。另一类是建立在人体能量平衡基础上发展而来的理论型指标,如标准有效温度(SET*)[18]、PMV-PPD[106](预测不满意者的百分比)、生理等效温度(PET)[107]等。表 4-1 总结了目前常用的室外热舒适评价指标。

表 4-1　目前常用的室外热舒适评价指标

热舒适指标	定义	规定气象参数	计算公式	夏季热舒适域
PMV-PPD	室内空调环境中,人体处于稳态时的热感觉	—	$PPD=100-95\exp(-0.033\,53\,PM^4-0.217\,9PM)$	PMV:$-0.5\sim0.5$,PPD<10%

续表

热舒适指标	定义	规定气象参数	计算公式	夏季热舒适域
平均辐射温度（MRT）	闭合环境中,当人体与环境的辐射热量与实际情况相等时的表面温度	Emissivity $=1$	$MRT = \left[(t_g + 273)^4 + \dfrac{1.10 \times 10^8 v^{0.6}}{\varepsilon D^{0.4}}(t_g - t_a) \right]^{0.25}$	17 ℃≤MRT≤26 ℃
标准有效温度（SET*）	在相对湿度（RH）为50%的绝热环境中,当标准人体与实际环境具有相同的热强度及体温调节应力时的温度	1.1met, 0.6 clo, $t_a = MRT$, $RH = 50\%$, $v = 0.5$ m/s	—	23 ℃≤SET*≤26 ℃
有效温度（ET*）	在相对湿度（RH）为50%的环境中,当体表热损失与实际环境相同时的温度	$RH = 50\%$, 0.8 clo, 1met, $w = 0.4$	$ET^* = t_a + wi_m LR(p_a - 0.5p_{ET^*,s})$	23 ℃≤ET*≤26 ℃
生理等效温度（PET）	在室内或户外环境中,人体皮肤温度和体内温度达到与典型室内环境同等的热状态所对应的温度	0.9 clo, 1.4met, $MRT = t_a$, $v = 0.1$ m/s, $p_a = 12$ hPa	当 $v \leq 0.1$ m/s, $EHT = t_0 = \dfrac{(t_a + MRT)}{2}$	18 ℃≤PET≤23 ℃
人体局部温差及均质等效温度（EHT）	无风封闭的车厢环境中,人体与外界湿热交换率与实际环境相同时的温度	$v = 0$ m/s	当 $v > 0.1$ m/s, $EHT = 0.55t_a + 0.45MRT + \dfrac{0.24 - 0.75\sqrt{v}}{1 + I} \times (36.5 - t_a)$	15 ℃≤EHT≤33 ℃
有效温度（t_0）	人体辐射及对流换热量与实际环境相同时的温度	—	当 $MRT - t_a < 4$ ℃ 或 $v < 0.2$ m/s,$t_0 = (MRT + t_a)/2$ 对其他情况, $t_0 = A \cdot t_a + (1 - A)MRT$	24.5 ℃± 1.5 ℃

注:式中,t_a 为空气温度,v 为风速,w 为皮肤温度,i_m 为水蒸气渗透效率,p_a 为空气压力,$p_{ET^*,s}$ 为饱和水蒸气分压力,LR 为路易斯常数,I 为衣服热阻,A 为风速的函数。当 $v < 0.2$ m/s 时,$A = 0.5$;当 0.2 m/s$\leq v < 0.6$ m/s 时,$A = 0.6$;当 0.6 m/s$\leq v < 1.0$ m/s 时,$A = 0.7$。

3. 室外热舒适评价的重要参数

平均辐射温度(Mean Radiant Temperature,MRT)是人体所处环境的四周表面对人体产生辐射作用的平均温度,包括人体所吸收的所有长波和短波辐射通量。在天气晴朗的条件下,MRT 是任何评价室外热舒适评价指数的关键变量。

Fanger[108]给出了室外平均辐射温度的理论计算公式:

$$T_{\mathrm{MRT}} = \left[\frac{1}{\sigma} \left(\sum_{i=1}^{n} E_i F_i + \frac{\partial_k}{\varepsilon_p} \sum_{i=1}^{n} D_i F_i + \frac{\partial_k}{\varepsilon_p} f_p I \right) \right]^{0.25}$$

式中,环境分为 n 个等温面。在每个等温面中:E_i——其长波辐射部分;

D_i——漫射和短波辐射的漫反射部分;

F_i——角加权系数;

I——表面法向的太阳直接辐射;

f_p——表面发射系数,是太阳高度角和体位的函数;

∂_k——被照射体表的短波辐射吸收系数(约等于 0.70);

ε_p——人体的发射率(约等于 0.97);

ε——斯蒂芬-波耳兹曼常数($\varepsilon = 5.67 \times 10^{-8}$,$\mathrm{W \cdot m^{-2} \cdot K^{-4}}$)。

当获得室外空气温度、风速、相对湿度、平均辐射温度、风压等参数时,就能够计算得到室外热舒适指标(如 SET*、PET、PMV 等),从而评价室外热舒适度。本章选用修正的标准有效温度(SET*)指标来评价室外的热舒适度,该指标已经在室外人体热舒适的评价中被广泛应用[18,99]。

4.2 模拟工况

由于在工程建设中,地下空间开发区域极少种植高大乔木,所以本章的研究仅选择了在相同绿化率情况下,不同地下空间覆土深度对应的小乔木、大灌木、小灌木和草四种绿化配置对室外微气候的影响,分析这四种植物对微气候指标的影响能力,为合理设计地下空间覆土深度提供初步的数据参考,案例模型如图 4-4 和图 4-5 所示。

本章选取南京夏季典型气象日数据作为模拟输入的气象参数。网格步长($X \times Y$)为 1 m×1 m。因为本章主要分析 1.5 m 行人高度的微气候变化,根据文献[42]可知,在近地面,ENVI-met 把最下层的垂直网格拆分为 5 个相等大小的小网格,因此,竖直方向上的网格步长选择 7.5 m。相关模拟参数如表 4-2 所示。

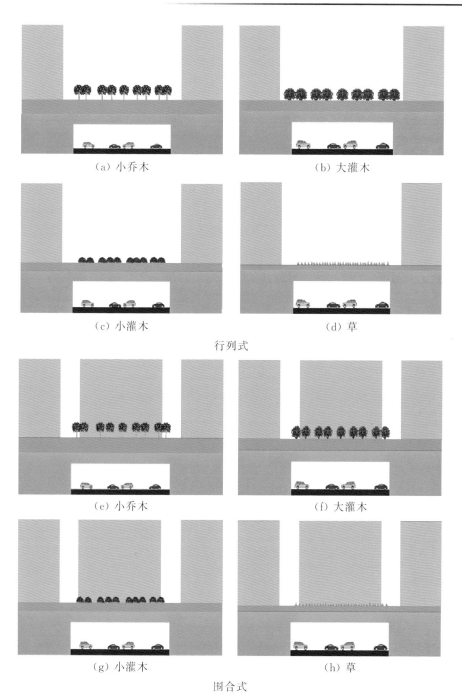

（a）小乔木　　　　　　　　　　　　（b）大灌木

（c）小灌木　　　　　　　　　　　　（d）草

行列式

（e）小乔木　　　　　　　　　　　　（f）大灌木

（g）小灌木　　　　　　　　　　　　（h）草

围合式

图 4－4　模型剖面图

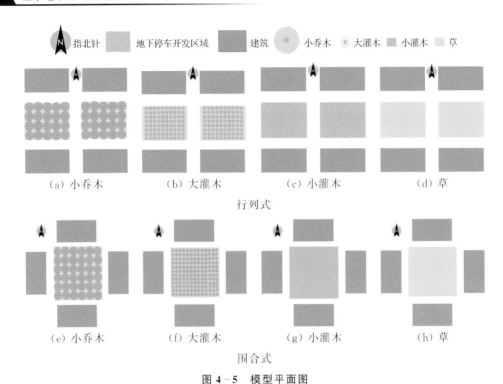

图 4-5 模型平面图

表 4-2 基本模拟设置

参数	定义	参数值
气象条件 (南京夏季典 型气象日)	风速	2.4 m/s
	风向	157.5°
	原始大气温度	294.95 K
	室外大气压	100 250 Pa
	相对湿度	80%
模型设置	建筑尺寸($L \times W \times H$)	38 m×18 m×30 m
	建筑材质	混凝土
	建筑颜色	灰色
	嵌套网格数量	10
	网格数量($X \times Y \times Z$)	110×110×30
	网格步长($X \times Y \times Z$)	1 m×1 m×7.5 m
植物设置	草	$0.2H$
	小灌木($L \times W \times H$)	1 m×1 m×1 m
	大灌木($L \times W \times H$)	3 m×3 m×2 m
	小乔木($L \times W \times H$)	7 m×7 m×6 m

注:风向 0°、90°、180°、270°分别代表的风向为北、东、南、西;建筑尺寸 L、W、H 分别为长、宽、高。

4.3　模拟分析与讨论

4.3.1　风环境分析

不同地下空间覆土深度对应的四种地面绿化配置对室外风速的影响如图 4 - 6 所示(地上 1.5 m,15:00)。对于两种建筑布局,在地下空间开发区域,不同覆土深度对应的四种地面绿化配置对室外行人高度的风速影响差别不大,风速整体处于较低的水平,在 1 m/s 左右。相比之下,建筑布局对风速的影响显著,当夏季东南风流入,由于建筑的阻碍作用,在建筑背风面形成风影区,风速明显下降。此外,相邻建筑容易产生"狭管效应",能够增大风速。

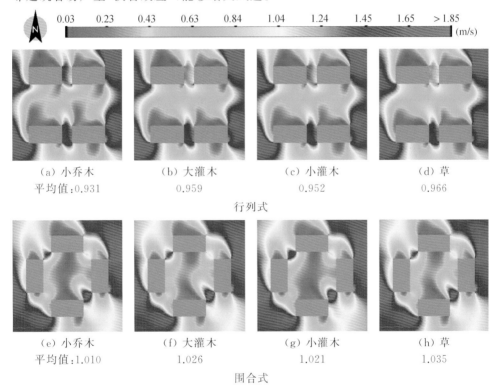

(a) 小乔木	(b) 大灌木	(c) 小灌木	(d) 草
平均值:0.931	0.959	0.952	0.966

行列式

(e) 小乔木	(f) 大灌木	(g) 小灌木	(h) 草
平均值:1.010	1.026	1.021	1.035

围合式

图 4 - 6　不同地下空间覆土深度对应的四种地面绿化配置对风速的影响

(地上 1.5 m,15:00)

通过对比风速日平均值发现(图 4 - 7),两种建筑布局中,地面绿化配置为草时的平均风速最高,在行列式布局中,比小乔木、大灌木和小灌木分别高出 0.031 m/s、

0.007 m/s和0.015 m/s;在围合式布局中,比小乔木、大灌木和小灌木分别高出0.021 m/s、0.006 m/s和0.012 m/s。这说明相比小乔木、大灌木和小灌木,草对气流的阻碍作用显得更弱,利于气流的传播;而小乔木配置下的平均风速最小,说明地下空间开发区域布置小乔木不利于气流的扩散和传播。绿化配置为大灌木的风速日平均值要高于小灌木,这说明在相同的绿化率前提下,大灌木的布置数量跟布局要比小灌木稀疏,这在某种程度上促进了气流的传播,也有助于将高处的气流引导至行人的高度。再加上,本章选取行人高度1.5 m处的风速指标,高度1 m的小灌木比大灌木对行人高度处气流传播的削弱作用可能更大。

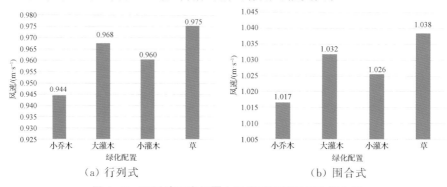

图4-7 不同地下空间覆土深度下风速日平均值比较

4.3.2 空气温度分析

不同地下空间覆土深度对应的四种地面绿化配置对室外空气温度的影响如图4-8所示(地上1.5 m,15:00)。由于太阳逐时运行造成树荫遮挡范围变化,在地下空间开发区域,相比小乔木、小灌木和草的绿化配置,大灌木配置下的树荫完全覆盖了开发区域,再加上建筑阴影的作用,此时行人高度的空气温度处于最低。在行列式布局中,大灌木配置下的空气温度的平均水平比绿化配置为小乔木、小灌木和草的空气温度分别低0.067 ℃、0.096 ℃和0.085 ℃;在围合式布局中,大灌木配置下的空气温度的平均水平比绿化配置为小乔木、小灌木和草时的空气温度分别低0.044 ℃、0.107 ℃和0.050 ℃。这说明就室外降温能力而言,大灌木>小乔木>草>小灌木。绿化配置为草、小灌木和小乔木情况下的空气温度比较接近,其原因是在绿化率统一的前提下,对于相同的绿化覆盖面积,由于草、小灌木种植占据整个地下空间开发区域,构成的下垫面能够减少土壤蓄热,避免了土地表面的温度升高,同时还减少了地面向环境的长波热辐射,以至于在行人高度的空气温度接近小乔木配置下的空气温度。

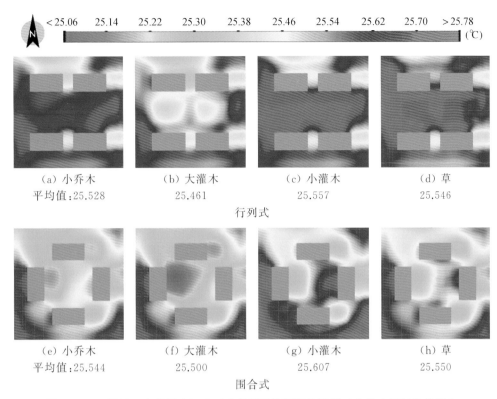

图 4 - 8　不同地下空间覆土深度对应的四种地面绿化配置对室外空气温度的影响

（地上 1.5 m，15：00）

通过空气温度日平均值对比发现（图 4 - 9），在行列式布局中，绿化配置为大灌木时的平均空气温度最低，比草、小灌木和小乔木分别低 0.068 ℃、0.080 ℃ 和 0.054 ℃；在围合式布局中，此项差值分别为 0.045 ℃、0.150 ℃ 和 0.031 ℃。这与大灌木的布局方式有关，说明在保证绿化率一定的前提下，当地下空间开发区域覆

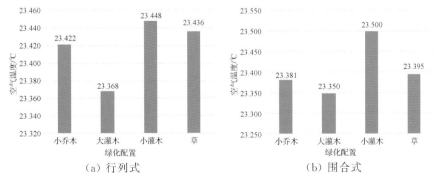

图 4 - 9　不同地下空间覆土深度下空气温度日平均值比较

土深度仅能保证大灌木生存时,通过合理地布局大灌木,降温效果甚至比小乔木还要好,能够有效降低空气温度。另外,本章选取行人高度 1.5 m 处的空气温度指标,高度 2 m 的大灌木对行人高度处空气温度的降温效果会更明显。

4.3.3 相对湿度分析

不同地下空间覆土深度对应的四种地面绿化配置对室外相对湿度的影响如图 4-10 所示(地上 1.5 m,15:00)。在两种建筑布局中,在有绿化种植的地方,由于植物的蒸腾作用以及土壤内的水汽蒸发,相对湿度明显比其他位置要高。但是,不同绿化配置对室外行人高度的相对湿度的影响程度是不同的。绿化配置为草和小灌木时,小区整体的相对湿度处于相对较低状态,且数值比较接近。绿化配置为大灌木和小乔木时,相对湿度明显变大,室外相对湿度分布类似。

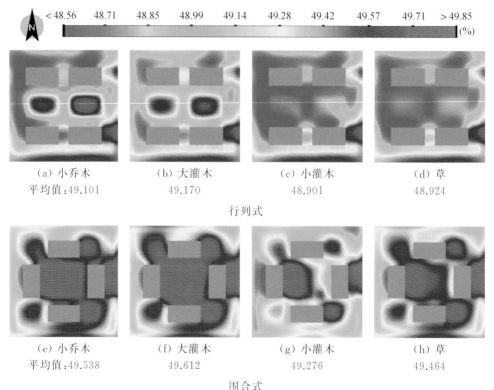

(a) 小乔木　　　　(b) 大灌木　　　　(c) 小灌木　　　　(d) 草
平均值:49.101　　　49.170　　　　　48.901　　　　　48.924
行列式

(e) 小乔木　　　　(f) 大灌木　　　　(g) 小灌木　　　　(h) 草
平均值:49.538　　　49.612　　　　　49.276　　　　　49.464
围合式

图 4-10　不同地下空间覆土深度对应的四种地面绿化配置对室外相对湿度的影响
(地上 1.5 m,15:00)

虽然通过 15:00 的相对湿度对比可以看出大灌木配置下的相对湿度高于小乔木,草配置下的相对湿度高于小灌木。但是从时间角度分析来看,通过相对湿度日平均值对比发现(图 4 - 11),当绿化率一致的条件下,绿化配置为小乔木时的日平均相对湿度最高,绿化配置为草时的日平均相对湿度最低。这说明植物对室外相对湿度的影响排序为:小乔木＞大灌木＞小灌木＞草。通过数据对比可以得出,在行列式布局中,绿化配置为草时的日平均相对湿度分别比小灌木、大灌木和小乔木低 0.107%、0.172% 和 0.227%;此差值在围合式布局中分别是 0.099%、0.136% 和 0.177%。

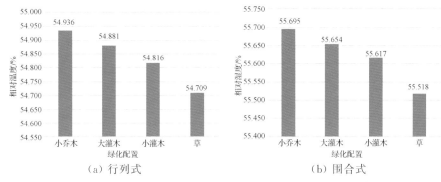

（a）行列式　　　　　　　　　　（b）围合式

图 4 - 11　不同地下空间覆土深度下相对湿度日平均值比较

4.3.4　MRT 分析

不同地下空间覆土深度对应的四种地面绿化配置对室外 MRT 的影响如图 4 - 12 所示(地上 1.5 m,15:00)。两种建筑布局中,由于绿化的冷却效应,地下空间开发区域的 MRT 分布明显低于其他区域,这说明无论是草、大灌木和小乔木对降低环境 MRT 都是有贡献的。

在四种覆土深度情况下,地面不同绿化配置对室外行人高度的 MRT 的影响还是有一定差别的。草、小灌木和大灌木配置下的 MRT 分布类似,但是对 MRT 的改善程度有所不同。由于缺乏树荫的遮挡,草对 MRT 的改善效果要弱于小灌木和大灌木,这说明如果地下空间覆土深度设计得过小不利于改善室外人行高度的热舒适度。小乔木配置下的 MRT 空间分布不同于草、小灌木和大灌木,由于小乔木的叶面积总量要大于草、小灌木和大灌木,植物的蒸腾作用和光合作用能够吸收更多的能量,所以当地面绿化配置为小乔木时,地下空间开发区域的 MRT 分布出现了最低水平,这说明小乔木对室外行人高度热舒适度的改善能力要强于草、小灌木和大灌木。

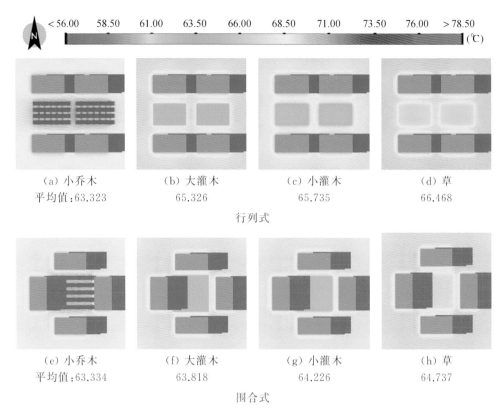

图 4-12 不同地下空间覆土深度对应的四种地面绿化配置对室外 MRT 的影响

（地上 1.5 m，下午 15:00）

通过 MRT 日平均值对比发现（图 4-13），两种建筑布局中四种不同的绿化配置对室外行人高度 MRT 日平均值的影响呈现出小乔木＞大灌木＞小灌木＞草的趋势，相比大灌木、小灌木和草三种植物配置，小乔木配置下的 MRT 在行列式布局中分别低 2.374 ℃、2.893 ℃和 3.350 ℃，在围合式布局中分别降低 0.328 ℃、

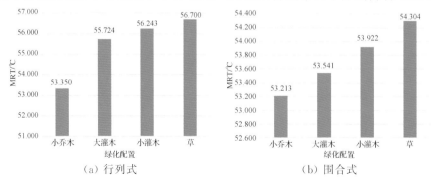

图 4-13 不同地下空间覆土深度下 MRT 日平均值比较

0.709 ℃和1.091 ℃。这说明从时间角度来看,在绿化率一致的前提下,地下空间覆土深度能够保证小乔木生长时,能够最大程度地降低室外行人高度的MRT。

4.3.5　SET* 分析

不同地下空间覆土深度对应的四种地面绿化配置对室外 SET* 的影响如图 4-14 所示(地上 1.5 m,15:00)。总体上讲,两种建筑布局下,室外 SET* 的分布与室外风速的分布特征类似。当夏季东南风流入,由于建筑的阻挡以及建筑背面形成风影区的影响,区域风速变小,相应区域的 SET* 值变大。这说明 SET* 的分布与室外气流的大小紧密相关。

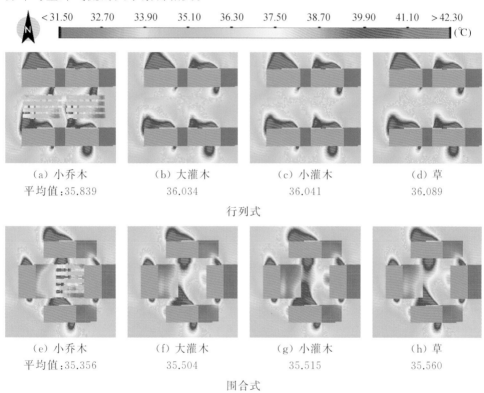

(a) 小乔木	(b) 大灌木	(c) 小灌木	(d) 草
平均值:35.839	36.034	36.041	36.089

行列式

(e) 小乔木	(f) 大灌木	(g) 小灌木	(h) 草
平均值:35.356	35.504	35.515	35.560

围合式

图 4-14　不同地下空间覆土深度对应的四种地面绿化配置对室外 SET* 的影响

(地上 1.5 m,15:00)

进一步发现,四种地下空间覆土深度对应的植物配置对 SET* 的影响是有所差异的。在 SET* 的空间分布上,草、小灌木和大灌木配置下的 SET 空间分布特征类似,与小乔木配置下的 SET* 空间分布不同。通过平均值对比发现,在两种建筑布局中,小乔木配置下的 SET* 值最小,在行列式布局中,分别比大灌木、小灌木和草配置下的 SET* 值小 0.195 ℃、0.202 ℃ 和 0.250 ℃;在围合式布局中,分别比大灌木、小灌木和草配置下的 SET* 值小 0.148 ℃、0.159 ℃ 和 0.204 ℃。

通过 SET* 日平均值对比发现(图 4-15),两种建筑布局中四种不同的绿化配置对室外人行高度 SET* 的影响呈现出小乔木＞大灌木＞小灌木＞草的趋势,相比大灌木、小灌木和草,小乔木配置下的 SET* 在行列式布局中分别低 0.304 ℃、0.428 ℃ 和 0.488 ℃,在围合式布局中分别降低 0.045 ℃、0.086 ℃ 和 0.161 ℃。这说明从时间角度来看,在绿化率一致的前提下,地下空间覆土深度能够保证小乔木生长时,最大程度地降低室外行人高度的 SET*,改善室外热舒适度。

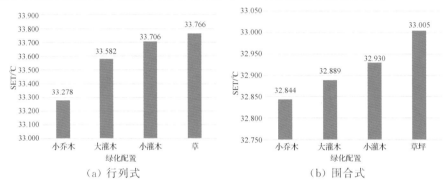

图 4-15 不同地下空间覆土深度下 SET* 日平均值比较

4.4 本章小结

本章以具有地下停车功能的住宅区为研究对象,通过对南京市 54 个商业住宅楼盘进行实地调研,建立了行列式和围合式两个典型的规划布局模型,用 CFD 模拟软件 ENVI-met 量化分析了不同地下空间覆土深度对应的小乔木、大灌木、小灌木和草四种绿化配置对室外微气候的影响,并根据模拟结果对住宅区地下空间覆土深度的确定提供了初步的数据参考。本章的研究得出以下结论。

(1) 地下空间覆土深度决定了地面的绿化配置,不同绿化配置对室外微气候影响不同。相比地面绿化,建筑布局对室外风速的影响更大。小乔木、大灌木、小灌木和草四种绿化配置下室外风速大小为草＞大灌木＞小灌木＞小乔木。这说明当地下空间覆土深度设计在 10～20 cm,能够满足草坪生存时,有利于促进室外的气流扩散。

(2) 小乔木、大灌木、小灌木和草四种绿化配置下室外空气温度大小为小灌木＞草＞小乔木＞大灌木。这说明当地下空间覆土深度设计在 45～60 cm、能够满足大灌木生存时,更有利于降低室外空气温度,缓解热岛效应。另外,对于室外相对湿度的影响,四种绿化配置下室外相对湿度虽有差异,但数值接近,变化不大。

（3）MRT 是评价室外热舒适度的关键因素,不同的绿化配置对 MRT 的影响能力不同:小乔木＞大灌木＞小灌木＞草。当地下空间覆土深度设计在 80～90 cm,能够满足小乔木生存时,能更有效地降低室外 MRT。

（4）SET* 能够综合反映人体对室外微气候的热舒适状况,其空间分布与风速变化紧密相关。绿化对室外热舒适的变化起到了重要影响作用,相比大灌木、小灌木和草,小乔木配置下的室外 SET* 值最小,这说明当地下空间覆土深度设计在 80～90 cm,能够满足小乔木生存时,能更有效地改善室外热舒适度。因此建议地下空间覆土深度应设计在 80～90 cm 范围内,以满足小乔木生存,这样能够有效地改善人体在室外的热舒适度,营造舒适的室外空间。

第 5 章　基于室外微气候评价的
　　　　地下空间覆土深度优化

　　第 4 章量化分析了不同地下空间覆土深度对应的小乔木、大灌木、小灌木和草四种绿化配置对室外微气候的影响,并根据模拟结果建议地下空间覆土深度最好设计在小乔木生存范围内,为地下空间覆土深度的设计提供了初步的数据参考。但是,该研究所考虑的植物搭配比较单一和理想化,并没有考虑不同地下空间覆土深度情况下,地面不同植物搭配形成的植物群落对室外微气候的影响。在现实生活中,在地下建筑上方进行绿化设计,合理的植物搭配不仅能够充分利用空间资源,形成富有层次感的景观,增加景观的视觉美感,而且能够形成多层植物群落,提高绿化区域的生物多样性和生态效益[109-111]。

　　为了优化设计地下空间覆土深度,改善室外微气候,本章结合地下空间覆土深度对室外微气候的影响机理,根据设计者不同的设计目的,提出基于室外微气候评价的地下空间覆土深度优化流程,并以第 4 章建立的行列式和围合式住宅模型为研究对象,运用 ENVI-met 量化分析不同地下空间覆土深度条件下,地面不同植物搭配形成的植物群落对室外微气候的影响,根据模拟结果针对地下空间覆土深度的优化设计给出合理建议。

5.1　地下空间覆土深度优化设计流程

　　基于室外微气候评价的地下空间覆土深度优化设计流程,如图 5 - 1 所示。该流程由四部分组成。

　　(1) 提出问题。在此阶段,设计者根据不同设计目的,提出优化覆土深度设计的目标、方法和评价标准。

　　(2) 模型建立。这一阶段主要作为案例设计,由地面绿化配置、初始边界条件、网格尺寸和建筑模型四部分组成。其中,地面绿化配置能够直接影响室外微气候,绿化配置取决于地下空间覆土深度的设定,不同的地下空间覆土深度对应的地面绿化配置的方式不同,比如:当覆土深度仅仅在 10～20 cm 时,地下空间开发区域仅能种植一些地皮植物;当开发区域最深的覆土深度达到 80～90 cm、地面可以种植小乔木时,地下空间开发区域能够选择乔木、灌木、草等多种相互搭配的绿化方式。初始边界条件主要包括风速、风向、大气温度、室外大气压力和相对湿度。本章研究主要关注夏季室外微气候,选择南京夏季的典型天气数据作为初始边界条件。网格尺寸包括网格数量和网格步长。网格数量决定了模拟区域的范围;网格步长决定了数值模拟的精度。建筑模型包括建筑材料、建筑高度和建筑朝向等。

（3）模拟和分析。本章研究运用 ENVI-met 进行数值模拟,该软件主要由大气模型、土壤模型、植被模型和地表模型组成,其适用性和准确性已在第 3 章做了校验。通过模拟计算,将得到风速、空气温度、平均辐射温度等微气候指标,后文将计算这些指标的时刻平均值和日平均值,从而定量分析不同方案下的室外微气候变化。

（4）室外微气候评估。根据设计者的设计目的,本章的研究能够得到室外微气候最优的绿化配置。根据地下空间覆土深度与地面绿化配置之间的对应关系（详见第 2 章）,最优的绿化配置对应的地下空间覆土深度即是最终所要求得的地下空间覆土深度。

至此,建立起了基于室外微气候评价的地下空间覆土深度优化设计流程。

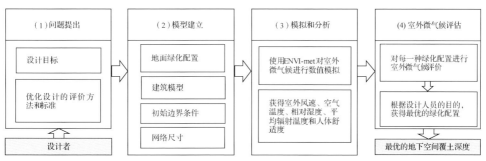

图 5－1　地下空间覆土深度优化设计流程图

5.2　研究方案

当地下空间开发区域的覆土深度最深达到 45～60 cm、地面可以种植大灌木时,地面的植物搭配主要有大灌木和草、大灌木和小灌木两种搭配方式;当地下空间开发区域最深的覆土深度达到 80～90 cm,地面可以种植小乔木时,地面的植物搭配能够选择乔木、灌木、草等多种植物相互搭配的绿化方式。考虑到本书的篇幅,本章节仅讨论分析当地下空间开发区域最深的覆土深度达到 80～90 cm 时,地面绿化采用乔木、灌木和草等多种植物搭配的绿化方式对室外微气候的影响。由于其余覆土深度下地面不同绿化配置对室外微气候的影响所采用的研究方法和分析思路与本章节所述雷同,因此,在本章节中不再一一讨论,其量化结果见附录 2 的表 2。

图 5-2　现实中常见的植物群落

在地下建筑上方进行绿化设计,通常采用乔木、灌木、草相结合的复层植物搭配方式形成植物群落,以产生良好的生态效益和景观效果(图 5-2)。目前植物群落常见的设计手法有中高层景观设计和中低层景观设计两种,如图 5-3 所示。

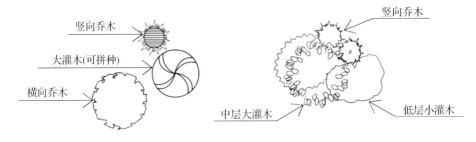

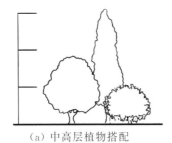

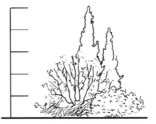

(a)中高层植物搭配　　　　　　(b)中低层植物搭配

图 5-3　地下建筑上方覆土绿化常见的两种景观设计

5.2.1　优化设计目标

在夏季,人们常常希望能够加强室外通风,降低空气温度以及改善室外相对湿度,降低人体所受的辐射温度,以达到改善室外热舒适的目的。

5.2.2　案例命名及汇总

为了研究方便,本章将模拟案例进行命名编号,规则如表 5－1 所示。比如 H-D-13 指行列式布局中,采用中低层植物搭配,乔灌木比例为 1∶3。表 5－2 为案例汇总。

表 5－1　案例编号规则

第 1 位编号	第 2 位编号	第 3 位编号
H—行列式布局 W—围合式布局	G—中高层植物搭配 D—中低层植物搭配	23—乔灌木比例为 2∶3
		12—乔灌木比例为 1∶2
		13—乔灌木比例为 1∶3

表 5－2　案例汇总

建筑布局	植物搭配	乔灌木比例		
		2∶3	1∶2	1∶3
行列式布局	中高层植物搭配	H-G-23	H-G-12	H-G-13
	中低层植物搭配	H-D-23	H-D-12	H-D-13
围合式布局	中高层植物搭配	W-G-23	W-G-12	W-G-13
	中低层植物搭配	W-D-23	W-D-12	W-D-13

5.2.3　模拟工况

本章针对行列式和围合式两种布局的住宅,共分析 12 组案例(平面示意如图 5－4 和图 5－5 所示),研究地下空间覆土深度、地面植物群落、室外微气候之间的关系。在建模阶段,模拟所选择的气象参数、建筑模型、网格尺寸、地面绿化配置等相关信息如表 5－3 所示,研究中忽略绿化配置中各种植物的相对位置对室外微气候的影响。

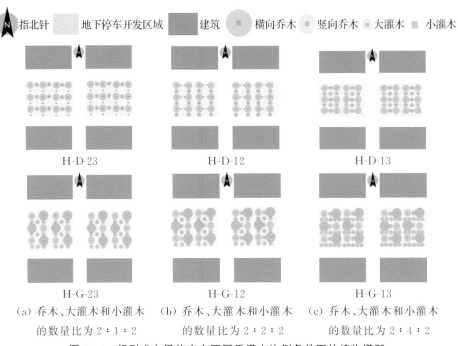

（a）乔木、大灌木和小灌木　　（b）乔木、大灌木和小灌木　　（c）乔木、大灌木和小灌木
　的数量比为 2∶1∶2　　　　　的数量比为 2∶2∶2　　　　　的数量比为 2∶4∶2

图 5 - 4　行列式布局住宅在不同乔灌木比例条件下的植物搭配

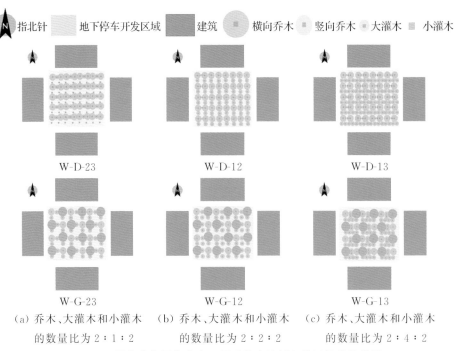

（a）乔木、大灌木和小灌木　　（b）乔木、大灌木和小灌木　　（c）乔木、大灌木和小灌木
　的数量比为 2∶1∶2　　　　　的数量比为 2∶2∶2　　　　　的数量比为 2∶4∶2

图 5 - 5　围合式布局住宅在不同乔灌木比例条件下的植物搭配

表 5 - 3　基本模拟设置

参数	定义	参数值
气象条件 （南京夏季典型气象日）	风速	2.4 m/s
	风向	157.5°
	原始大气温度	294.95 K
	室外大气压	100 250 Pa
	相对湿度	80%
模型设置	建筑尺寸（$L×W×H$）	38 m×18 m×30 m
	建筑材质	混凝土
	建筑颜色	灰色
	嵌套网格数量	10
	网格数量（$X×Y×Z$）	110×110×30
	网格步长（$X×Y×Z$）	1 m×1 m×7.5 m
植物设置	小灌木（$L×W×H$）	1 m×1 m×1 m
	大灌木（$L×W×H$）	3 m×3 m×2 m
	横向乔木（$L×W×H$）	7 m×7 m×6 m
	竖向乔木（$L×W×H$）	5 m×5 m×10 m

注：风向 0°、90°、180°、270°分别代表的风向为北、东、南、西；建筑尺寸 L、W、H 分别为长、宽、高。

需要说明的是，在建模阶段，绿化配置中每种植物所占的网格面积均为 1 m²，也就是说，每种绿化配置中乔灌木之间的数量比等同于植物之间所占的地下空间开发区域的面积比。在两种建筑布局中，对于中低层植物搭配，其设计方式包含乔木、大灌木和小灌木三种植物。在本章的研究中，乔木、大灌木和小灌木在不同乔灌木比例（2∶3、1∶2 和 1∶3）条件下对应的植物数量比分别为 2∶1∶2、2∶2∶2 和 2∶4∶2。

5.3　行列式布局

5.3.1　风环境分析

行列式布局中地下空间开发区域两种植物搭配在不同乔灌木比例条件下的风速变化如图 5 - 6 所示（地上 1.5 m，15：00）。整体上，在地下空间开发区域风速处于较低的水平，两种植物搭配在不同乔灌木比例条件下对室外行人高度的风速影响差别很小。相比之下，建筑布局对风速的影响显著，当夏季东南风流入，由于建筑的阻碍作用以及在建筑背风面形成的风影区的影响，风速明显下降。另外，相邻建筑容易产生"狭管效应"，能够增大风速。

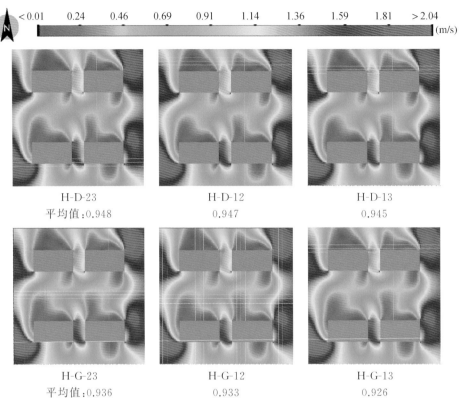

H-D-23   H-D-12   H-D-13
平均值:0.948   0.947   0.945

H-G-23   H-G-12   H-G-13
平均值:0.936   0.933   0.926

图 5 - 6 行列式布局中两种植物搭配在不同乔灌木比例条件下行人高度的风速变化
(地上 1.5 m,15:00)

通过风速日平均值对比(图 5 - 7)
发现,在两种植物搭配中,当乔灌木
比例为 1:3 时,行人高度的风速处
于最低水平。这说明随着乔灌木比
例的降低,空间环境变得拥挤,在某
种程度上不利于将高处的气流引导
至行人的高度,不利于气流的传播。
另外,在相同的乔灌木比例条件下,
中高层植物搭配下行人高度的风速

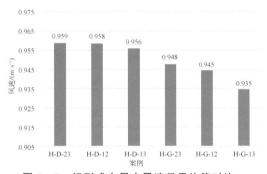

图 5 - 7 行列式布局中风速日平均值对比

低于中低层植物搭配下的风速,这说明中高层植物搭配不利于气流的传播。因此,
对于设计者而言,在行列式建筑布局中,为了达到加强室外通风的目的,地下空间
覆土深度应该满足中低层植物搭配的生存需要,且乔灌木比例保持在 2:3 时更有
利于室外气流的传播;在地下空间开发区域,2/5 开发面积的地下空间覆土深度应

设置在 80～90 cm，1/5 开发面积的地下空间覆土深度应设置在 45～60 cm，2/5 开发面积的地下空间覆土深度应设置在 30～40 cm，这样能达到促进室外气流传播，加强室外通风的目的。

5.3.2　空气温度分析

行列式布局中地下空间开发区域两种植物搭配在不同乔灌木比例条件下行人高度的空气温度变化如图 5－8 所示（地上 1.5 m，15：00）。整体上，同种植物搭配在不同乔灌木比例下对行人高度的空气温度的影响是有一定差别的，通过平均值对比发现，中低层和中高层植物搭配的行人高度的空气温度平均值分别相差在 0.009～0.021 ℃ 和 0.007～0.021 ℃ 范围内。随着乔灌木比例的降低，行人高度的空气温度呈现降低的趋势，这说明乔灌木比例的降低有利于降低空气温度，缓解热岛效应。另外，在相同的乔灌木比例条件下，中高层植物搭配下的空气温度低于中低层植物搭配，其原因是中高层植物搭配能够有效遮挡太阳辐射，有利于降低行人高度的空气温度。

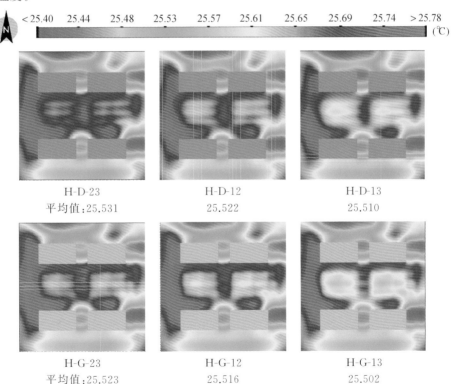

图 5－8　行列式布局中两种植物搭配在不同乔灌木比例条件下行人高度的空气温度变化

（地上 1.5 m，15：00）

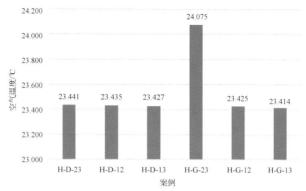

图 5 - 9 行列式布局中空气温度日平均值对比

通过空气温度日平均值对比(图 5 - 9)发现,在中低层植物搭配中,H-D-13 的空气温度最低,比 H-D-23 和 H-D-12 分别低 0.014 ℃ 和 0.008 ℃。在中高层植物搭配中,H-G-13 的空气温度最低,比 H-G-23 和 H-G-12 分别低 0.661 ℃ 和 0.011 ℃。但是,在六种植物搭配中,H-G-23 的空气温度明显高于其他植物配置。因此,对于中高层植物配置,应避免采取 2∶3 的乔灌木比例。其余五种植物搭配的空气温度值比较接近,通过数据对比发现,H-G-13 的空气温度最低。因此,对于设计者而言,在行列式建筑布局中,为了能够有效降低室外空气温度,应选择中高层植物搭配,乔灌木比例应设置为 1∶3;在地下空间开发区域,1/4 开发面积的地下空间覆土深度应设置在 80～90 cm,3/4 开发面积的地下空间覆土深度应设置在 45～60 cm,这样能够有效降低室外空气温度。

5.3.3 相对湿度分析

行列式布局中地下空间开发区域两种植物搭配在不同乔灌木比例条件下行人高度的相对湿度变化如图 5 - 10 所示(地上 1.5 m,15∶00)。整体上,中高层植物搭配下的相对湿度高于中低层植物搭配。通过平均相对湿度对比发现,中低层和中高层植物搭配的行人高度的相对湿度平均值分别相差在 0.030%～0.071% 和 0.028%～0.087% 范围内。另外,对于同一种植物搭配,乔灌木比例为 1∶3 时的相对湿度始终处于最高状态,这说明乔灌木比例降低,开发区域植物的蒸腾作用加强,能够增加相对湿度水平。

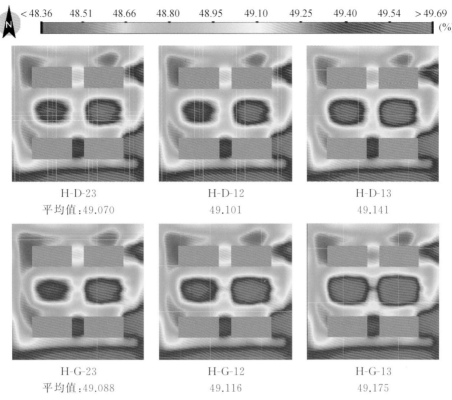

图 5－10　行列式布局中两种植物搭配在不同乔灌木比例条件下行人高度的相对湿度变化
（地上 1.5 m，15：00）

通过相对湿度日平均值对比（图 5－11）发现，在中低层植物搭配中，H-D-13 的平均相对湿度最高，比案例 H-D-23 和案例 H-D-12 分别高 0.043％和 0.023％。在中高层植物搭配中，H-G-13 的日平均相对湿度最高，比 H-G-23 和 H-G-12 分别高 0.062％和 0.047％。另外，在相同的乔灌木比例条件下，中高层植物搭配下的相对湿度

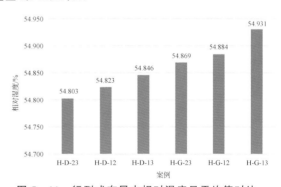

图 5－11　行列式布局中相对湿度日平均值对比

值高于中低层植物搭配，在乔灌木比例为 2：3、1：2 和 1：3 三种情况下，两种植物搭配下的相对湿度分别相差 0.066％、0.061％和 0.085％。因此，对于设计者而言，在行列式建筑布局中，为了降低室外相对湿度，避免出现夏季湿热的感受，应选

择中低层植物搭配,乔灌木比例应设置为 2∶3;在地下空间开发区域,2/5 开发面积的地下空间覆土深度应设置在 80～90 cm,1/5 开发面积的地下空间覆土深度应设置在 45～60 cm,2/5 开发面积的地下空间覆土深度应设置在 30～40 cm,这样能够有效降低室外相对湿度。

5.3.4 MRT 分析

行列式布局中地下空间开发区域两种植物搭配在不同乔灌木比例条件下行人高度的 MRT 变化如图 5－12 所示(地上 1.5 m,15∶00)。整体上,由于绿化的冷却效应,在乔木和灌木种植的地方,MRT 明显降低。同种植物搭配在不同乔灌木比例下的行人高度 MRT 有一定的差别,通过平均值对比发现,中低层和中高层植物搭配的行人高度的 MRT 平均值分别相差在 0.152～0.409 ℃ 和 0.165～0.432 ℃ 范围内。随着乔灌木比例的降低,行人高度的 MRT 呈现降低的趋势,这说明乔灌木比例的降低有利于降低室外平均辐射温度。通过两种不同植物搭配的对比发现,在相同的乔灌木比例下,中高层植物搭配更有利于降低 MRT,改善室外热舒适质量。

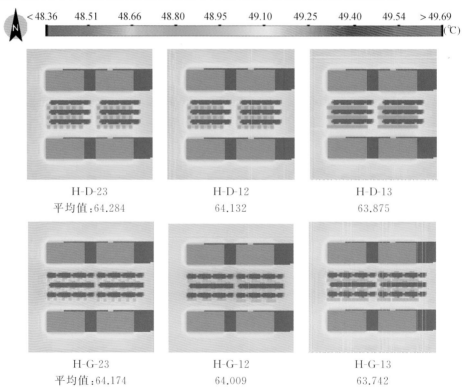

| < 48.36 | 48.51 | 48.66 | 48.80 | 48.95 | 49.10 | 49.25 | 49.40 | 49.54 | > 49.69 (℃) |

H-D-23
平均值:64.284

H-D-12
64.132

H-D-13
63.875

H-G-23
平均值:64.174

H-G-12
64.009

H-G-13
63.742

图 5－12 行列式布局中两种植物搭配在不同乔灌木比例条件下行人高度的 MRT 变化

(地上 1.5 m,15∶00)

通过 MRT 日平均值对比发现(图 5 - 13),在中低层植物搭配中,H-D-13 的 MRT 最低,比案例 H-D-23 和案例 H-D-12 分别低 0.311 ℃和 0.196 ℃。在中高层植物搭配中,H-G-13 的 MRT 日平均值最低,比 H-G-23 和 H-G-12 分别低 0.331 ℃和 0.209 ℃。另外,在相同的乔灌木比例条件下,中高层植物搭配下的 MRT 值明显低于中低层植物搭配,在乔灌木比例为 2∶3、1∶2 和 1∶3 三种情况下,两种植物搭配下的 MRT 值分别相差 0.266 ℃、0.273 ℃和 0.286 ℃。这说明从时间角度分析,当地下空间覆土深度能够满足中高层植物搭配时,能够有效地改善室外热舒适;当乔灌木比例为 1∶3 时,改善室外热舒适的效果最好。因此,对于设计者而言,在行列式建筑布局中,为了降低室外的平均辐射温度,应选择中高层植物搭配,乔灌木比例应设置为 1∶3;在地下空间开发区域,1/4 开发面积的地下空间覆土深度应设置在 80~90 cm,3/4 开发面积的地下空间覆土深度应设置在 45~60 cm,这样能够有效降低室外的平均辐射温度。

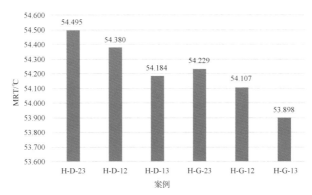

图 5 - 13　行列式布局中 MRT 日平均值对比

5.3.5　SET* 分析

行列式布局中地下空间开发区域两种植物搭配在不同乔灌木比例条件下行人高度的 SET* 变化如图 5 - 14 所示(地上 1.5 m,15∶00)。整体上,室外 SET* 的分布与室外风速的分布特征类似。当夏季东南风流入,由于建筑的阻挡以及建筑背面形成的风影区的影响,区域风速变小,相应区域的 SET* 值变大,这说明 SET* 的分布与室外气流的大小紧密相关。

在 SET* 的空间分布上,由于绿化的作用,地下空间开发区域的 SET* 值明显低于其他区域。同种植物搭配在不同乔灌木比例下的行人高度 SET* 有一定的差别,通过平均值对比发现,中低层和中高层植物搭配的行人高度的 SET* 平均值分别相差在 0.791~0.801 ℃和 0.775~0.796 ℃范围内。随着乔灌木比例的降低,行人高度的 SET* 呈现降低的趋势,说明灌木数量的增加有利于改善室外的热舒适度。

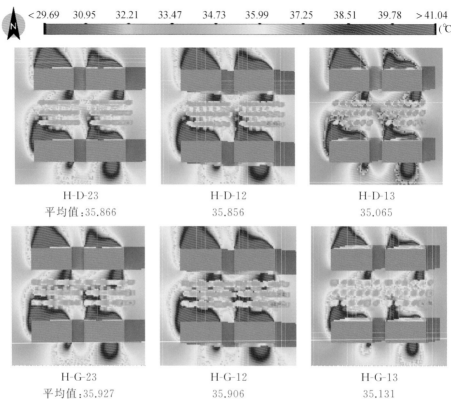

<29.69 30.95 32.21 33.47 34.73 35.99 37.25 38.51 39.78 >41.04

(℃)

H-D-23　　　　　　　　　　H-D-12　　　　　　　　　　H-D-13
平均值:35.866　　　　　　　35.856　　　　　　　　　35.065

H-G-23　　　　　　　　　　H-G-12　　　　　　　　　　H-G-13
平均值:35.927　　　　　　　35.906　　　　　　　　　35.131

图 5-14　行列式布局中两种植物搭配在不同乔灌木比例条件下行人高度的 SET* 变化
（地上 1.5 m,15:00）

通过 SET* 日平均值对比（图 5-15）发现,在中低层植物搭配中,H-D-13 的 SET* 值最低,比案例 H-D-23 和案例 H-D-12 分别低0.037 ℃和 0.025 ℃。在中高层植物搭配中,H-G-13 的 SET* 值最低,比 H-G-23 和 H-G-12 分别低0.049 ℃和 0.031 ℃。另外,在相同的乔灌木比例条件下,中高层植物搭配下的 SET* 值略低于中低层植物搭配。

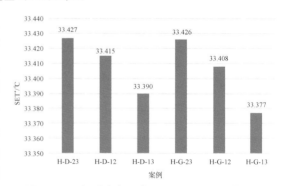

图 5-15　行列式布局中 SET* 日平均值对比

在乔灌木比例为 2:3、1:2 和 1:3 三种情况下,两种植物搭配下的 SET* 值分别相差 0.001 ℃、0.007 ℃、0.013 ℃。这说明从时间角度分析,当地下空间覆土深度能够满足中高层植物搭配时,能够有效地改善室外热舒适度;当乔灌木比例为 1:3 时,改善室外热舒适度的效果最好。

因此,对于设计者而言,在行列式建筑布局中,为了达到改善室外热舒适度的目的,
应选择中高层植物搭配,乔灌木比例应设置为 1∶3;在地下空间开发区域,1/4 开
发面积的地下空间覆土深度应设置在 80~90 cm,3/4 开发面积的地下空间覆土深
度应设置在 45~60 cm,这样能够有效降低室外 SET* 值,改善室外热舒适度。

5.4　围合式布局

5.4.1　风环境分析

　　围合式布局中地下空间开发区域两种植物搭配在不同乔灌木比例条件下的风
速变化如图 5 - 16 所示(地上 1.5 m,15:00)。整体上,围合式建筑布局形成了相对封
闭的空间,建筑对气流的阻挡作用导致在地下空间开发区域风速处于较低的水平。

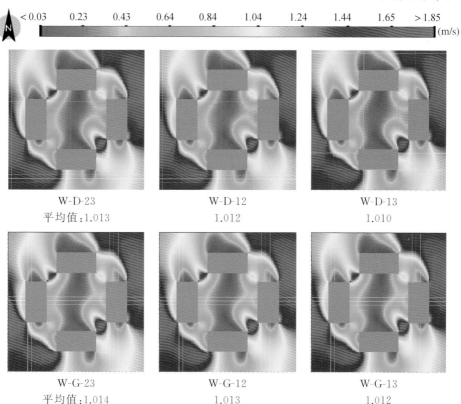

图 5 - 16　围合式布局中两种植物搭配在不同乔灌木比例条件下行人高度的风速变化

(地上 1.5 m,15:00)

通过风速日平均值对比(图 5 − 17)发现,在两种植物搭配中,乔灌木比例为1∶3时,行人高度的风速处于最低水平,这说明乔灌木比例降低,空间环境变得拥挤,不利于气流的传播。另外,在相同的乔灌木比例条件下,中高层植物搭配下行人高度的风速高于中低层植物搭配下的风速,这说明中高层植物搭配利于气流的传播。因此,对于设计者而言,在围合式建筑布局中,为了达到加强室外通风的目的,地下空间覆土深度应该满足中高层植物搭配的生存需要,且乔灌木比例保持在2∶3时,更有利于室外气流的传播;在地下空间开发区域,2/5 开发面积的地下空间覆土深度应设置在 80～90 cm,3/5 开发面积的地下空间覆土深度应设置在45～60 cm,这样能达到促进室外气流传播,加强室外通风的目的。

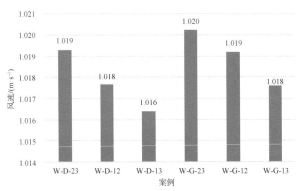

图 5 − 17　围合式布局中风速日平均值对比

5.4.2　空气温度分析

围合式布局中地下空间开发区域两种植物搭配在不同乔灌木比例条件下行人高度的空气温度变化如图 5 − 18 所示(地上 1.5 m,15∶00)。整体上,在地下空间开发区域,由于围合式布局建筑阴影以及绿化的影响,建筑布局内的空气温度低于布局外。通过各个案例的平均值对比发现,同种植物搭配下,随着乔灌木比例的降低,行人高度的空气温度呈现降低的趋势,这说明乔灌木比例的降低有利于降低空气温度,缓解热岛效应。另外,在相同的乔灌木比例条件下,中高层植物搭配由于能够有效遮挡太阳辐射,其空气温度低于中低层植物搭配下的空气温度,更有利于降低行人高度的空气温度。

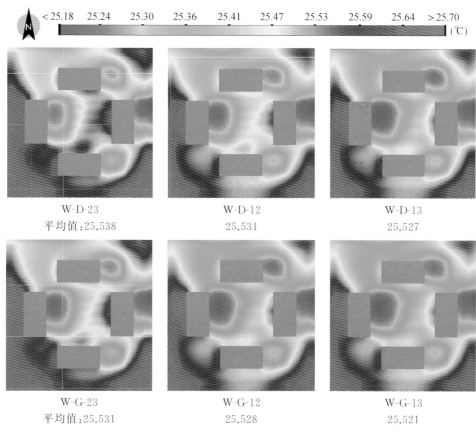

W-D-23　　　　　　　　W-D-12　　　　　　　　W-D-13
平均值:25.538　　　　　　25.531　　　　　　　25.527

W-G-23　　　　　　　　W-G-12　　　　　　　　W-G-13
平均值:25.531　　　　　　25.528　　　　　　　25.521

图 5 - 18　围合式布局中两种植物搭配在不同乔灌木比例条件下行人高度的空气温度变化
（地上 1.5 m,15:00）

通过空气温度日平均值对比
（图 5 - 19）发现,在中低层植物搭
配中,W-D-13 的空气温度最低,比
W-D-23 和 W-D-12 分别低 0.008 ℃
和 0.004 ℃。在中高层植物搭配
中,W-G-13 的空气温度最低,比
W-G-23 和 W-G-12 分别低 0.010 ℃
和 0.006 ℃。在相同的乔灌木比
例条件下,中高层植物搭配下的空

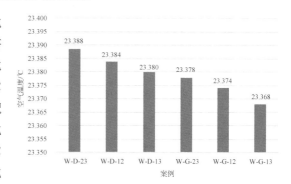

图 5 - 19　围合式布局中空气温度日平均值对比

气温度低于中低层植物搭配。在乔灌木比例为 2∶3、1∶2 和 1∶3 三种情况下,两
种植物搭配下的空气温度分别相差 0.010 ℃、0.010 ℃ 和 0.012 ℃。通过数据对比
发现,W-G-13 的空气温度最低。因此,对于设计者而言,在围合式建筑布局中,为

了能够有效降低室外空气温度,应选择中高层植物搭配,且乔灌木比例应设置为1∶3;在地下空间开发区域,1/4 开发面积的地下空间覆土深度应设置在 80～90 cm,3/4 开发面积的地下空间覆土深度应设置在 45～60 cm,这样能够有效降低室外空气温度。

5.4.3 相对湿度分析

围合式布局中地下空间开发区域两种植物搭配在不同乔灌木比例条件下行人高度的相对湿度变化如图 5-20 所示(地上 1.5 m,15:00)。整体上,六种植物搭配下的相对湿度空间变化特征类似,在围合式建筑布局内,由于绿化的蒸腾作用,相对湿度明显高于建筑布局外。对于同一种植物搭配,乔灌木比例为 1∶3 时的相对湿度始终处于最高状态,说明随着乔灌木比例的降低,开发区域植物的蒸腾作用加强,能够增加相对湿度。

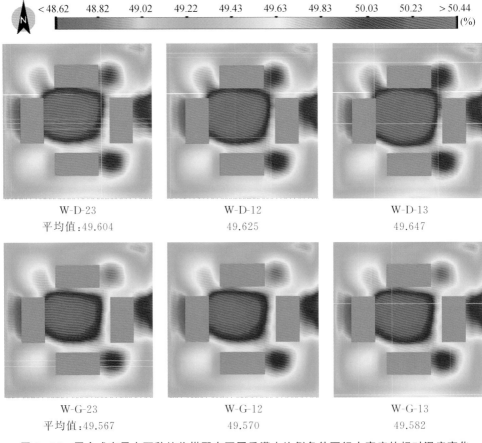

图 5-20 围合式布局中两种植物搭配在不同乔灌木比例条件下行人高度的相对湿度变化

(地上 1.5 m,15:00)

通过相对湿度日平均值对比(图 5 - 21)发现,在中低层植物搭配中,W-D-13 的相对湿度最高,比案例 W-D-23 和案例 W-D-12 分别高 0.017% 和 0.011%。在中高层植物搭配中,W-G-23 的日平均相对湿度最高,比 W-G-13 和 W-G-12 分别高 0.002% 和 0.006%。在相同的乔灌木比例条件下,中高层植物搭配下的相对湿度值低于中低层植物搭配。在乔灌木比例为 2∶3、1∶2 和 1∶3 三种情况下,两种植物搭配下的相对湿度分别相差 0.008%、0.020% 和 0.027%。因此,对于设计者而言,在围合式建筑布局中,为了降低室外相对湿度,避免出现夏季湿热的感受,应选择中高层植物搭配,乔灌木比例应设置在 1∶2;在地下空间开发区域,1/3 开发面积的地下空间覆土深度应设置在 80~90 cm,2/3 开发面积的地下空间覆土深度应设置在 45~60 cm,这样能够有效降低室外相对湿度。

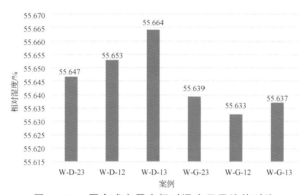

图 5 - 21　围合式布局中相对湿度日平均值对比

5.4.4　MRT 分析

围合式布局中地下空间开发区域两种植物搭配在不同乔灌木比例条件下行人高度的 MRT 变化如图 5 - 22 所示(地上 1.5 m,15∶00)。整体上,六种植物搭配下的 MRT 变化特征类似,在围合式建筑布局内,由于绿化和建筑阴影的作用,MRT 普遍降低。同种植物搭配在不同乔灌木比例下行人高度的 MRT 有一定的差别,通过平均值对比发现,中低层和中高层植物搭配的行人高度的 MRT 平均值分别相差在 0.141~0.252 ℃ 和 0.053~0.196 ℃ 范围内。随着乔灌木比例的降低,行人高度的 MRT 呈现降低的趋势,这说明乔灌木比例的降低有利于降低室外平均辐射温度。通过两种不同植物搭配的对比发现,在相同的乔灌木比例下,中低层植物搭配更有利于降低 MRT,改善室外热舒适质量。

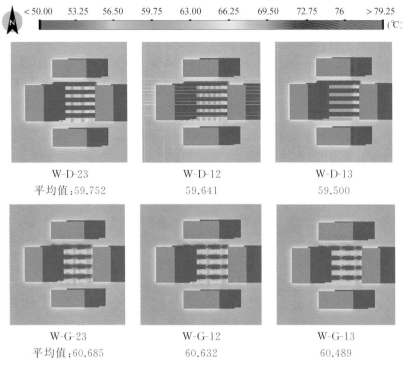

W-D-23　　　　　　　　W-D-12　　　　　　　　W-D-13
平均值:59.752　　　　　59.641　　　　　　　59.500

W-G-23　　　　　　　　W-G-12　　　　　　　　W-G-13
平均值:60.685　　　　　60.632　　　　　　　60.489

图 5 - 22　围合式布局中两种植物搭配在不同乔灌木比例条件下行人高度的 MRT 变化
（地上 1.5 m，15：00）

通过 MRT 日平均值对比（图 5 - 23）发现，在中低层植物搭配中，W-D-13 的 MRT 日平均值最低，比案例 W-D-23 和案例 W-D-12分别低 0.167 ℃ 和 0.095 ℃。在中高层植物搭配中，W-G-13 的 MRT 日平均值最低，比 W-G-23 和 W-G-12 分别低 0.141 ℃ 和 0.100 ℃。另外，在相同的乔灌木比例条件

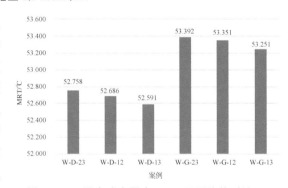

图 5 - 23　围合式布局中 MRT 日平均值对比

下，中高层植物搭配下的 MRT 值明显高于中低层植物搭配，在乔灌木比例为 2：3、1：2 和 1：3 三种情况下，两种植物搭配下的 MRT 值分别相差 0.634 ℃、0.665 ℃ 和 0.660 ℃。这说明从时间角度分析，当地下空间覆土深度能够满足中低层植物搭配时，可以有效地降低室外平均辐射温度，当乔灌木比例为 1：3 时，效果最好。因此，对于设计者而言，在围合式建筑布局中，为了降低室外的平均辐射温度，则应选择中低层植物搭配，乔灌木比例应设置为 1：3；在地下空间开发区域，1/4 开发面

积的地下空间覆土深度应设置在 80～90 cm,2/4 开发面积的地下空间覆土深度应
设置在 45～60 cm,1/4 开发面积的地下空间覆土深度应设置在 30～40 cm,这样
能够有效降低室外的平均辐射温度。

5.4.5　SET* 分析

围合式布局中地下空间开发区域两种植物搭配在不同乔灌木比例条件下行人
高度的 SET* 变化如图 5-24 所示(地上 1.5 m,15:00)。整体上,室外 SET* 的分
布与室外风速的分布特征类似。围合式建筑布局对气流传播的阻碍以及建筑风影
区的形成会造成部分区域风速变小,相应的室外 SET* 则会增高,这说明 SET* 的
分布与室外气流的大小紧密相关。在 SET* 的空间分布上,由于绿化的作用会降
低室外 SET*,同种植物搭配在不同乔灌木比例下的行人高度 SET* 有一定的差
别。通过平均值对比发现,中低层和中高层植物搭配的行人高度的 SET* 平均值
分别相差在 0.017～0.034 ℃ 和 0.038～0.058 ℃ 范围内。随着乔灌木比例的降低,
行人高度的 SET* 呈现降低的趋势,这说明乔灌木比例的降低有利于改善室外的
热舒适度。

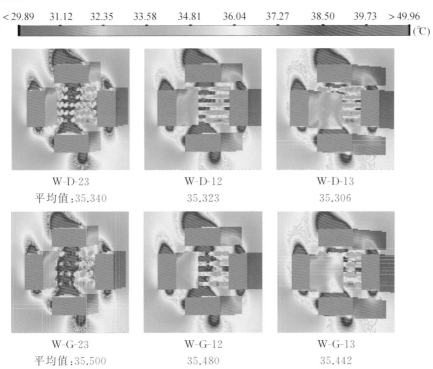

图 5-24　围合式布局中两种植物搭配在不同乔灌木比例条件下行人高度的 SET* 变化
（地上 1.5 m,15:00）

通过 SET* 日平均值对比（图 5 - 25）发现，在中低层植物搭配中，W-D-13 的 SET* 值最低，比案例 W-D-23 和案例 W-D-12 分别低 0.016 ℃ 和 0.009 ℃。在中高层植物搭配中，W-G-13 的 SET* 值最低，比 W-G-23 和 W-G-12 分别低 0.014 ℃ 和 0.012 ℃。另外，在相同的乔灌木比例条件下，中低层植物搭配的 SET* 值低于中高层植物搭配，在乔灌木比例为 2：3、1：2 和 1：3 三种情况下，两种植物搭配下的 SET* 值分别相差 0.129 ℃、0.134 ℃ 和 0.131 ℃。另外，在六种植物搭配中，W-D-13 的 SET* 最低，这说明从时间角度分析，当地下空间覆土深度能够满足中低层植物搭配时，可以有效地改善室外热舒适度，当乔灌木比例为 1：3 时，改善室外热舒适度的效果最好。因此，对于设计者而言，在围合式建筑布局中，为了改善室外热舒适度，应选择中低层植物搭配，且乔灌木比例应设置为 1：3；在地下空间开发区域，1/4 开发面积的地下空间覆土深度应设置在 80～90 cm，2/4 开发面积的地下空间覆土深度应设置在 45～60 cm，1/4 开发面积的地下空间覆土深度应设置在 30～40 cm，这样能够有效地降低室外 SET* 值，改善室外热舒适度。

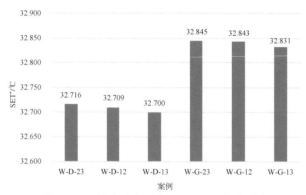

图 5 - 25　围合式布局中 SET* 日平均值对比

5.5　本章小结

本章根据设计者不同的设计目的，提出了基于室外微气候评价的地下空间覆土深度优化设计流程，以优化地下空间覆土深度，达到改善室外微气候的目的。本章以行列式和围合式布局的住宅小区为研究对象，运用 ENVI-met 模拟分析了不同乔灌木比例（2：3、1：2 和 1：3）条件下，由中高层和中低层植物搭配形成的植物群落对室外微气候的影响，并根据模拟结果对地下空间覆土深度的设计给出建议。本章的研究得出以下结论。

　　对于行列式建筑布局,为了达到加强室外通风、降低室外相对湿度的目的,地面绿化应采用中低层植物搭配(乔灌木比例 2∶3),2/5、1/5 和 2/5 的地下空间开发区域面积的覆土深度应分别设置在 80～90 cm、45～60 cm 和 30～40 cm;为了达到降低室外空气温度、平均辐射温度和改善室外热舒适度的目的,地面绿化应采用中高层植物搭配(乔灌木比例 1∶3),1/4 和 3/4 的地下空间开发区域面积的覆土深度应分别设置在 80～90 cm 和 45～60 cm。

　　对于围合式建筑布局,为了达到加强室外通风的目的,地面绿化应采用中高层植物搭配(乔灌木比例 2∶3),2/5 和 3/5 的地下空间开发区域面积的覆土深度应分别设置在 80～90 cm 和 45～60 cm;为了达到降低室外空气温度的目的,地面绿化应采用中高层植物搭配(乔灌木比例 1∶3),1/4 和 3/4 的地下空间开发区域面积的覆土深度应分别设置在 80～90 cm 和 45～60 cm;为了达到降低室外相对湿度的目的,地面绿化应采用中高层植物搭配(乔灌木比例 1∶2),1/3 和 2/3 的地下空间开发区域面积的覆土深度应分别设置在 80～90 cm 和 45～60 cm;为了达到降低室外平均辐射温度和改善室外热舒适度的目的,地面绿化应采用中低层植物搭配(乔灌木比例 1∶3),1/4、2/4 和 1/4 的地下空间开发区域面积的覆土深度应分别设置在 80～90 cm、45～60 cm 和 30～40 cm。

第6章 地下空间竖井排风对城市空气质量的影响——以城市地下商业街开发为例

城市地下空间开发影响着城市居民的出行方式和生活方式,尤其是在城市的繁华地区,城市地下交通系统与地下商业的相结合,使得每天有大量的人流进入地下空间。地下空间是相对封闭的环境,污染源较多,空气质量较差,容易让人产生压抑难受的情绪,进而直接影响人们对于地下空间内部环境质量的评价,因此需要采取机械排风的手段将地下空间内部的污染物通过竖井排到室外,并及时补充新鲜空气,以满足人们在地下空间内生存、活动的安全需求和舒适度需求。当地下空间内部空气质量比较恶劣时,排出的污浊空气往往会对周围空气造成二次污染,影响室外空气质量。因此需要合理地选择排风方式,合理地布置排风竖井,最大限度地减少对地面环境的影响。

本章以并列式、围合式、点式三种典型城市形态的地下商业街开发为例,通过运用 ENVI-met 模拟 270 个案例,首先量化研究地下商业街排风竖井的布置与设计对城市空气质量的影响,再量化分析不同地下空间覆土深度对应的地面不同绿化设计对城市空气质量的影响,并根据模拟结果为针对不同城市形态的地下商业街开发给出建议。

6.1 研究方案

6.1.1 基本城市形态单元

本章采用在城市形态学中较为成熟的并列式、围合式和点式三种典型的城市形态模型[112]，如图 6 - 1 所示，量化研究三种典型城市形态的地下商业街开发对室外空气质量的影响。

　　（a）并列式城市形态　　　　　（b）围合式城市形态　　　　　（c）点式城市形态

图 6 - 1　三种典型的城市形态

　　在城市形态学领域，研究通常选择 200 m×200 m 作为城市肌理的单位网格和分形层级[112]，因此本章的研究模型选择 200 m×200 m 的城市基本街区尺度为标准，建立城市形态模型（图 6 - 2），根据《江苏省城市规划管理技术规定（2011 年版）》和《南京市城乡规划条例》中的规范指标要求，构建符合南京市城市实际背景的典型城市形态单元模型，并且假定在三种典型城市形态模型中，均有四条街道开发地下商业街。为了方便研究，模型建立采用九宫格式进行布局设计，如图 6 - 3 所示。详细参数如表 6 - 1 所示。

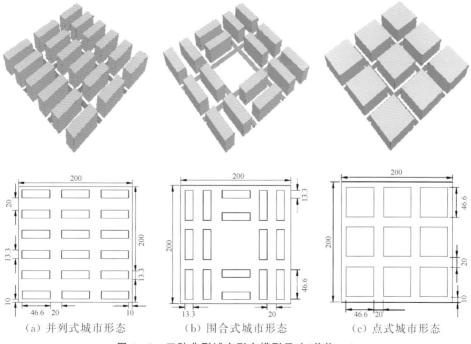

　　（a）并列式城市形态　　　　　（b）围合式城市形态　　　　　（c）点式城市形态

图 6 - 2　三种典型城市形态模型尺寸（单位：m）

(a) 并列式城市形态   (b) 围合式城市形态   (c) 点式城市形态

▨ 建筑   ▨ 地下商业街

图 6-3   三种典型城市形态下地下商业街开发平面示意图

表 6-1   典型城市形态单元模型设计参数

城市形态	用地性质	地块尺寸/m	建筑高度/m	建筑单体尺寸/m	容积率	地上建筑面积/m²	建筑层高/层	建筑层数/层	街区层峡高宽比
并列式	商业建筑	200×200	36	13.3×46.6	2.5	100 404.36	4	9	36/20
围合式	商业建筑	200×200	36	13.3×46.6	2.2	89 248.32	4	9	36/20
点式	商业建筑	200×200	35	46.6×46.6	3.4	136 808.28	5	7	35/20

6.1.2　案例设置

1. 评价指标及评价标准

本章的研究选择地下商业街排风竖井排出的污染物为研究对象。根据文献[113]可知,地下商业街内主要的气体污染物为 CO_2 和 CO。在室外环境下,CO_2 极容易被稀释,其浓度的增加对室外居民的健康和安全影响有限[114],因此本章的研究将一氧化碳(CO)的浓度作为评价室外空气质量的评价指标。本章的研究主要关注行人高度 1.5 m 处 CO 浓度的变化。

根据《环境空气质量标准》(GB 3095—2012)[115]规定,环境空气质量功能区分为三类,不同功能区室外空气环境质量标准允许的 CO 的浓度限值如表 6-2 所示。一类地区是指自然保护区等需要特殊保护的地区,一类地区执行一级标准;二类地区是指居住区、商业、交通混合区等,二类地区执行二级标准;三类地区是指特定的工业区,三类地区执行三级标准。在本章的研究中,城市地下商业街属于二类功能区,执行二级标准,即城市地下商业区附近空气中的 CO 浓度不能超过 10 mg/m³。因此,本章的研究以 10 mg/m³ 作为评价地下商业街竖井排风对室外空气质量影响的标准。当室外 CO 浓度超过 10 mg/m³ 时,说明该区域地下商业街开发对室外环境造成了污染,不利于城市空气质量的改善;反之,当室外 CO 浓度小于 10 mg/m³ 时,说明该区域地下商业街开发对空气质量的影响是可以接受的。

表 6 - 2　室外 CO 浓度限值

污染物	取值时间	浓度限值/(mg·m⁻³)		
		一级标准	二级标准	三级标准
一氧化碳(CO)	1 h	10	10	20

本章首先定性分析不同工况下室外 CO 浓度的空间分布,再以 10 mg/m³ 为阈值对各种工况、各个时刻中 CO 浓度超过 10 mg/m³ 的数据数量 N 进行提取,由于水平方向的网格步长为 2 m×2 m,即每个网格所占面积为 4 m²,则可求得不同工况超过 10 mg/m³ 的污染面积即为 $4N$ m²。

2. 案例的命名及汇总

地下空间污染物的室外排放浓度主要与城市的天气状况、地下空间开发强度、排风竖井的布置方式以及地面绿化种类相关。其中,地下商业街开发强度(intensity)关系着污染物排放源强的计算,本章的研究考虑地下商业街开发一层、二层和三层,共三种情况;排风竖井的布置主要影响污染物室外的扩散情况,本章的研究主要考虑排风口的位置和排风竖井的高度的变化对室外 CO 扩散的影响,其中,排风口的位置假定有集中布置和分散布置两种情况,排风竖井的高度分为在近地面人员活动区和高空排放;地面绿化种类主要取决于地下空间覆土深度的确定,本章的研究中,地面绿化均只考虑单一植物配置,主要考虑横向乔木、竖向乔木、大灌木、小灌木和草五种地面绿化情况。

案例研究中,每条地下商业街开发面积 20 m×200 m＝4 000 m²,根据《建筑设计防火规范》(GB 50016—2014)[116] 的规定,按照每 2 000 m² 一个防火单元,需要一套排风系统,则每条地下商业街开发需要两套排风系统,即有两个排风竖井。地下商业街竖井排风对室外空气的污染可看作一个点源污染,排风口的面积即污染源的大小。

为了研究以上因素的变化对城市空气质量的影响,以便研究的统计分析,本章对每个模型进行编号,每一位编号代表含义及规则如表 6 - 3 所示。比如 D-I₁-H₂-L₁ 表示点式城市形态,地下商业街开发一层,排风竖井高度为 2 m,排风口集中布置;W-I₂-H₂-L₂-BS 表示围合式城市形态,地下商业街开发二层,排风竖井高度为 2 m,排风口分散布置,地面绿化为大灌木。部分案例模型概念平面示意图如图 6 - 4 所示。

表 6 − 3 　案例编号含义及规则

第一位编号	第二位编号	第三位编号	第四位编号	第五位编号
城市形态	I—地下商业街开发强度	H—排风竖井高度	L—排风竖井位置	地面绿化
D—点式城市形态 B—并列式城市形态 W—围合式城市形态	I_1—开发一层 I_2—开发二层 I_3—开发三层	H_2—高度为 2 m H_5—高度为 5 m H_8—高度为 8 m	L_1—排风竖井集中布置 L_2—排风竖井分散布置	TT—横向乔木 VT—竖向乔木 BS—大灌木 SS—小灌木 G—草

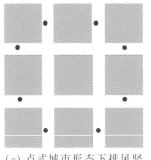

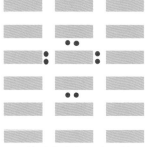

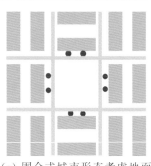

（a）点式城市形态下排风竖井分散布置，开发强度可分为开发 1～3 层，竖井高度可分为 2 m、5 m、8 m

（b）并列式城市形态下排风竖井集中布置，开发强度可分为开发 1～3 层，竖井高度可分为 2 m、5 m、8 m

（c）围合式城市形态考虑地面绿化下排风竖井集中布置，地面绿化可分为横向乔木、竖向乔木、大灌木、小灌木和草，开发强度可分为开发 1～3 层，竖井高度可分为 2 m、5 m、8 m

▨▨ 建筑　　　　▨▨ 地面绿化　　　　● 排风口（污染源）

图 6 − 4 　部分案例模型概念平面图

3. 模拟设置

1）源强设置

源强是每秒钟排放的污染源质量（ug/s）。根据文献[117 − 121]可知，地下商业街内 CO 的浓度限值为 5 mg/m³，考虑最不利工况，本章的研究将 5 mg/m³ 作为地下商业街 CO 排出到室外的初始浓度。假定地下商业街每层开发深度为 5.1 m，则开发一层每个排风竖井的的排风量：2 000 m² × 5.1 m × 6ACH = 61 200 m³/h；源强 E = 5 mg/m³ × 61 200 m³/h = 306 000 mg/h = 85 000 ug/s。当地下商业街开发两层时，源强 E = 170 000 ug/s；开发三层时，源强 E = 255 000 ug/s。

2）模拟参数

本章的研究选取南京夏季典型气象日数据作为模拟输入的气象参数,并以10:00 至 22:00 地下商业街营业的时间段为主,模拟分析该时间段室外的 CO 浓度变化。具体模拟参数见表 6-4。

表 6-4　基本模拟设置[注]

参数	定义	参数值
气象条件 （南京夏季典型气象日）	风速	2.4 m/s
	风向	157.5°
	原始大气温度	294.95 K
	室外大气压	100 250 Pa
	相对湿度	80%
模型设置	建筑材质	混凝土
	建筑颜色	灰色
	嵌套网格数量	10
	网格数量($X \times Y \times Z$)	$100 \times 100 \times 30$
	网格步长($X \times Y \times Z$)	2 m×2 m×7.5 m
植物设置	小灌木($L \times W \times H$)	1 m×1 m×1 m
	大灌木($L \times W \times H$)	3 m×3 m×2 m
	横向乔木($L \times W \times H$)	7 m×7 m×6 m
	竖向乔木	5 m×5 m×10 m($L \times W \times H$)
	草(H)	0.2 m
污染源	污染物	CO
	面积	2 m×2 m
	高度	2 m/5 m/8 m
	位置	集中/分散
	源强	85 000 ug/s 170 000 ug/s 255 000 ug/s

注:风向 0°、90°、180°、270° 分别代表的风向为北、东、南、西;植物设置中 L、W、H 分别为长、宽、高。

6.2 并列式城市形态

为了定性、定量地分析地下商业街开发强度(I)、排风竖井高度(H)、排风竖井位置(L)以及不同地下空间覆土对应的地面绿化等因素对城市空气质量的影响,本章将以上量变因子两两组合形成 90 个案例,首先分析地下商业街开发强度、排风竖井高度和排风竖井位置的变化对城市空气质量的影响,再考虑分析不同地下空间覆土对应的地面绿化对城市空气质量的影响。并列式城市形态分析案例汇总如表 6-5 所示。由于篇幅原因,本章选择其中部分案例进行详细分析(表 6-6),并列式城市形态部分案例剖面示意图如图 6-5 所示,其余案例的分析方法、思路与本章类似。

表 6-5　并列式城市形态分析案例汇总

城市形态	I—地下商业街 开发强度	H—排风竖井高度	L—排风竖井位置	地面绿化
B—并列式 城市形态	I_1—开发一层 I_2—开发二层 I_3—开发三层	H_2—高度为 2 m H_5—高度为 5 m H_8—高度为 8 m	L_1—排风竖井 集中布置 L_2—排风竖井 分散布置	TT—横向乔木 VT—竖向乔木 BS—大灌木 SS—小灌木 G—草

表 6-6　并列式城市形态评价案例汇总

(a) 地下商业街开发强度

案例编号	地下商业街 开发强度	排风竖井高度	排风竖井位置	地面绿化
B-I_1-H_2-L_1	I_1—开发一层			
B-I_2-H_2-L_1	I_2—开发二层	H_2—高度为 2 m	L_1—排风 竖井集中布置	无
B-I_3-H_2-L_1	I_3—开发三层			

(b) 排风竖井高度

案例编号	地下商业街 开发强度	排风竖井高度	排风竖井位置	地面绿化
B-I_2-H_2-L_2		H_2—高度为 2 m		
B-I_2-H_5-L_2	I_2—开发二层	H_5—高度为 5 m	L_2—排风 竖井分散布置	无
B-I_2-H_8-L_2		H_8—高度为 8 m		

（c）排风竖井位置

案例编号	地下商业街开发强度	排风竖井高度	排风竖井位置	地面绿化
B-I$_2$-H$_2$-L$_1$	I$_2$—开发二层	H$_2$—高度为 2 m	L$_1$—排风竖井集中布置	无
B-I$_2$-H$_2$-L$_2$			L$_2$—排风竖井分散布置	

（d）地面绿化

案例编号	地下商业街开发强度	排风竖井高度	排风竖井位置	地面绿化
B-I$_2$-H$_2$-L$_1$-TT	I$_2$—开发二层	H$_2$—高度为 2 m	L$_1$—排风竖井集中布置	TT—横向乔木
B-I$_2$-H$_2$-L$_1$-VT				VT—竖向乔木
B-I$_2$-H$_2$-L$_1$-BS				BS—大灌木
B-I$_2$-H$_2$-L$_1$-SS				SS—小灌木
B-I$_2$-H$_2$-L$_1$-G				G—草

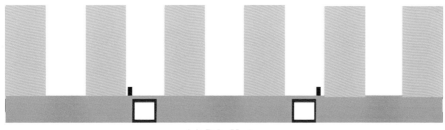

（a）B-I$_1$-H$_2$-L$_1$

（b）B-I$_3$-H$_2$-L$_1$

地下商业街开发强度

（c）B-I$_2$-H$_2$-L$_2$

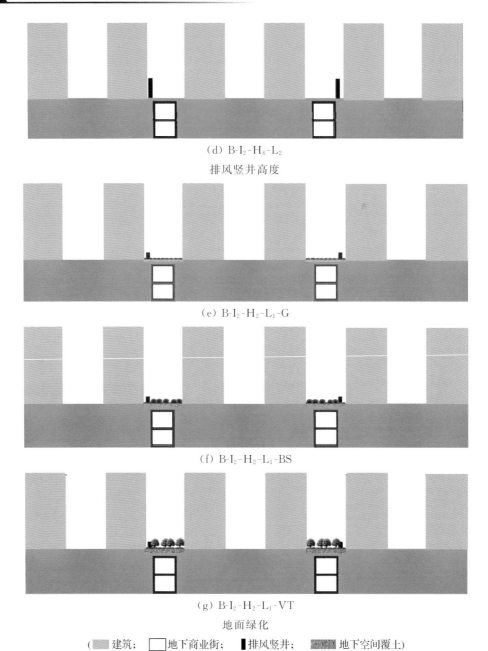

（d）B-I$_2$-H$_8$-L$_2$

排风竖井高度

（e）B-I$_2$-H$_2$-L$_1$-G

（f）B-I$_2$-H$_2$-L$_1$-BS

（g）B-I$_2$-H$_2$-L$_1$-VT

地面绿化

（ 建筑； 地下商业街； 排风竖井； 地下空间覆土）

图 6 - 5　并列式城市形态部分案例剖面示意图

6.2.1　地下商业街开发强度对空气质量的影响

图 6-6 展示了在并列式城市形态地下商业街开发中排风竖井高度为 2 m 且集中布置的条件下,不同地下商业街开发强度对室外 CO 浓度的影响(地上 1.5 m,12:00)。通过定性对比可以看出,当地下商业街开发一层时,室外 CO 浓度均为小于 10 mg/m³,这说明当开发一层地下商业街时,排风竖井排放的 CO 对室外空气质量的影响是可以接受的。但是,随着开发强度的增加,室外 CO 浓度变大,当开发三层时,大部分区域已经超过 10 mg/m³ 的允许浓度限值,这说明随着地下商业街开发强度的增加,污染源强度的变大,造成的室外环境污染是越来越严重的。

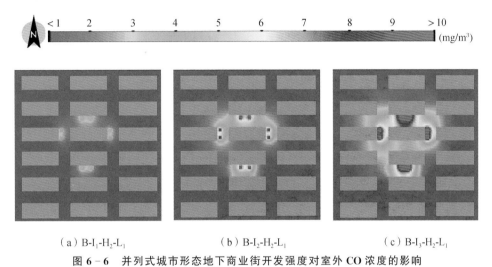

（a）B-I₁-H₂-L₁　　　（b）B-I₂-H₂-L₁　　　（c）B-I₃-H₂-L₁

图 6-6　并列式城市形态地下商业街开发强度对室外 CO 浓度的影响

(地上 1.5 m,12:00)

以 10 mg/m³ 为阈值分析并列式城市形态不同地下商业街开发强度下室外 CO 浓度超过 10 mg/m³ 的影响范围(图 6-7)(地上 1.5 m)。可以发现,由于室外气象变化的影响,不同地下商业街开发强度下不同时间段室外 CO 浓度超过 10 mg/m³ 的面积均呈现出先降低后升高的变化趋势。当开发强度为开发一层时,不同时刻室外 CO 浓度均小于 10 mg/m³,当开发强度为开发二层和三层时,由于室外 CO 浓度的增大,CO 浓度超过 10 mg/m³ 的面积也越来越大。开发强度为开发二层时,室外 CO 浓度超过 10 mg/m³ 的面积达到了 1 368 m²;开发强度为开发三层时,室外 CO 浓度超过 10 mg/m³ 的面积达到了 6 220 m²。这说明对于并列式城市形态而言,室外 CO 浓度与地下商业街的开发强度呈现正相关的关系。

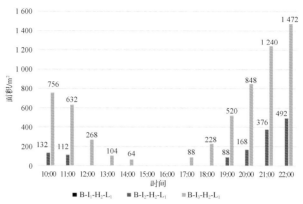

图 6-7 并列式城市形态不同地下商业街开发强度下室外 CO 浓度超过 10 mg/m³ 的影响范围
（地上 1.5 m）

6.2.2 排风竖井位置对空气质量的影响

图 6-8 展示了在并列式城市形态地下商业街开发两层、排风竖井高度为 2 m 的条件下，排风竖井集中布置和分散布置对室外 CO 浓度的影响（地上 1.5 m，12:00）。对比发现，两种排风竖井位置条件下，部分排风口附近的室外 CO 浓度接近甚至超过 10 mg/m³。但是，排风竖井分散布置时，大部分排风口周围的 CO 浓度要低于排风竖井集中布置条件下的室外 CO 浓度。

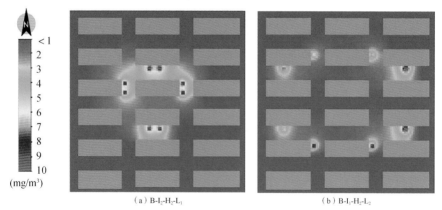

（a）B-I₂-H₂-L₁ （b）B-I₁-H₂-L₂

图 6-8 并列式城市形态排风竖井位置对室外 CO 浓度的影响
（地上 1.5 m，12:00）

以 10 mg/m³ 为阈值分析并列式城市形态不同排风竖井位置条件下室外 CO 浓度超过 10 mg/m³ 的影响范围（图 6-9）（地上 1.5 m）。总的来说，由于类似的室外气象变化,两种排风竖井位置条件下不同时间段室外 CO 浓度超过 10 mg/m³ 的区域范围相当,且均呈现出先降低后升高的变化趋势。通过数据对比发现,相比排风竖井集中布置,排风竖井分散布置时室外 CO 浓度超过 10 mg/m³ 的范围略低,这说明对于并列式城市形态而言,排风竖井分散布置有利于降低室外 CO 浓度。

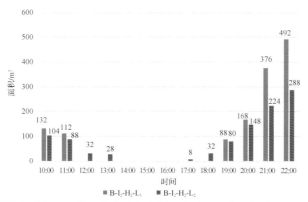

图 6 - 9　并列式城市形态不同排风竖井位置条件下室外 CO 浓度超过 10 mg/m³ 的影响范围
(地上 1.5 m)

6.2.3　排风竖井高度对空气质量的影响

图 6 - 10 展示了在并列式城市形态地下商业街开发两层、排风竖井分散布置的条件下,不同排风竖井高度对室外 CO 浓度的影响(地上 1.5 m,12:00)。整体上

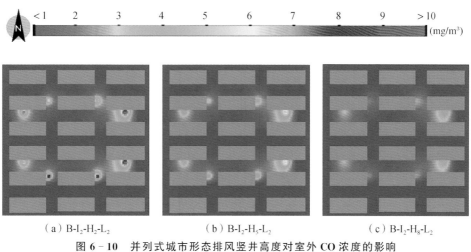

(a) B-I₂-H₂-L₂　　　(b) B-I₂-H₅-L₂　　　(c) B-I₂-H₈-L₂
图 6 - 10　并列式城市形态排风竖井高度对室外 CO 浓度的影响
(地上 1.5 m,12:00)

来看,随着排风竖井高度从 2 m 到 5 m 再到 8 m,在相同的时刻,室外的 CO 浓度呈现出明显的降低趋势,这说明排风竖井高度的增加有利于降低行人高度的 CO 浓度。

以 10 mg/m³ 为阈值分析并列式城市形态不同排风竖井高度条件下室外 CO 浓度超过 10 mg/m³ 的影响范围(图 6 – 11)(地上 1.5 m)。可以发现,当排风竖井高度为 2 m 时,室外 CO 浓度超过 10 mg/m³ 的面积达到了 1 032 m²;竖井高度为 5 m 时,室外 CO 浓度超过10 mg/m³ 的面积仅有 120 m²;排风竖井高度为 8 m 时,各个时刻的室外 CO 浓度均小于 10 mg/m³。这说明排风竖井高度越高,室外 CO 浓度超过 10 mg/m³ 的面积越小,适当提高排风竖井的高度有利于改善室外空气质量。

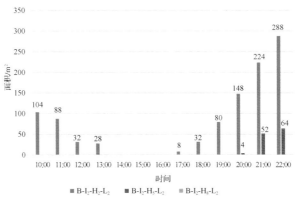

图 6 – 11　并列式城市形态不同排风竖井高度条件下室外 CO 浓度超过 10 mg/m³ 的影响范围
(地上 1.5 m)

6.2.4　地面绿化对空气质量的影响

图 6 – 12 展示了在并列式城市形态地下商业街开发两层、排风竖井高度为 2 m 且集中布置的条件下,不同地下空间覆土深度对应的地面绿化对室外 CO 浓度的影响(地上 1.5 m,12:00)。通过定性对比可以明显发现,不同绿化种类对室外 CO 浓度的影响不同。地面绿化为草、横向乔木和竖向乔木时,室外 CO 浓度分布特征及数值比较接近且数值相对比较高,CO 浓度值接近甚至超过了 10 mg/m³。当地面绿化为小灌木和大灌木时,室外的 CO 浓度明显降低且数值比较接近,说明地面绿化为小灌木或大灌木时,能够有效降低室外 CO 浓度。

以 10 mg/m³ 为阈值分析并列式城市形态不同地面绿化条件下室外 CO 浓度超过 10 mg/m³ 的影响范围(图 6 – 13)(地上 1.5 m)。可以发现,当地面绿化为横向乔木或竖向乔木时,乔木冠层对气流传播的阻碍不利于 CO 的扩散,造成 CO 集聚,致使室外 CO 浓度处于比较高的范围,横向乔木和竖向乔木配置下室外 CO 浓度超过10 mg/m³ 的区域面积分别累计达到 1 280 m² 和 512 m²。当地面绿化为草时,室

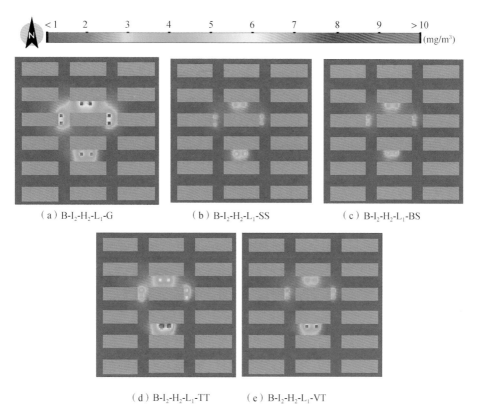

（a）B-I$_2$-H$_2$-L$_1$-G　　　　（b）B-I$_2$-H$_2$-L$_1$-SS　　　　（c）B-I$_2$-H$_2$-L$_1$-BS

（d）B-I$_2$-H$_2$-L$_1$-TT　　（e）B-I$_2$-H$_2$-L$_1$-VT

图 6 - 12　并列式城市形态地面绿化对室外 CO 浓度的影响

（地上 1.5 m，12：00）

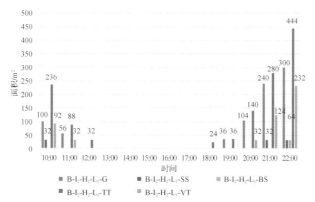

图 6 - 13　并列式城市形态不同地面绿化条件下室外 CO 浓度超过 10 mg/m³ 的影响范围

（地上 1.5 m）

外 CO 浓度超过 10 mg/m³ 的区域面积累计达到 836 m²；当地面绿化为小灌木和大灌木时，室外 CO 浓度明显降低，超过 10 mg/m³ 的区域面积仅为 96 m² 和 32 m²，这说明大灌木和小灌木更有利于降低室外 CO 浓度。通过数据对比，对于并列式城市形态而言，不同种类地面绿化对室外 CO 浓度降低的作用排序为大灌木＞小灌木＞竖向乔木＞草＞横向乔木。

6.3 围合式城市形态

围合式城市形态下地下商业街开发强度(I)、排风竖井高度(H)、排风竖井位置(L)以及不同地下空间覆土深度对应的地面绿化等因素对城市空气质量影响的案例汇总如表 6 - 7 所示。由于篇幅原因，本章选择其中部分案例进行详细分析（表 6 - 8），围合式城市形态部分案例剖面示意图如图 6 - 14 所示，其余案例的分析方法、思路与本章类似。

表 6 - 7　围合式城市形态分析案例汇总

城市形态	I—地下商业街开发强度	H—排风竖井高度	L—排风竖井位置	地面绿化
W—围合式城市形态	I₁—开发一层 I₂—开发二层 I₃—开发三层	H₂—高度为 2 m H₅—高度为 5 m H₈—高度为 8 m	L₁—排风竖井集中布置 L₂—排风竖井分散布置	TT—横向乔木 VT—竖向乔木 BS—大灌木 SS—小灌木 G—草

表 6 - 8　围合式城市形态评价案例汇总

(a) 地下商业街开发强度

案例编号	地下商业街开发强度	排风竖井高度	排风竖井位置	地面绿化
W-I₁-H₂-L₁	I₁—开发一层			
W-I₂-H₂-L₁	I₂—开发二层	H₂—高度为 2 m	L₁—排风竖井集中布置	无
W-I₃-H₂-L₁	I₃—开发三层			

（b）排风竖井高度

案例编号	地下商业街开发强度	排风竖井高度	排风竖井位置	地面绿化
W-I_2-H_2-L_2		H_2—高度为2 m		
W-I_2-H_5-L_2	I_2—开发二层	H_5—高度为5 m	L_2—排风竖井分散布置	无
W-I_2-H_8-L_2		H_8—高度为8 m		

（c）排风竖井位置

案例编号	地下商业街开发强度	排风竖井高度	排风竖井位置	地面绿化
W-I_2-H_2-L_1	I_2—开发二层	H_2—高度为2 m	L_1—排风竖井集中布置	无
W-I_2-H_2-L_2			L_2—排风竖井分散布置	

（d）地面绿化

案例编号	地下商业街开发强度	排风竖井高度	排风竖井位置	地面绿化
W-I_2-H_2-L_1-TT				TT—横向乔木
W-I_2-H_2-L_1-VT				VT—竖向乔木
W-I_2-H_2-L_1-BS	I_2—开发二层	H_2—高度为2 m	L_1—排风竖井集中布置	BS—大灌木
W-I_2-H_2-L_1-SS				SS—小灌木
W-I_2-H_2-L_1-G				G—草

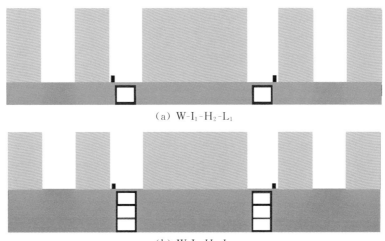

（a）W-I_1-H_2-L_1

（b）W-I_3-H_2-L_1

地下商业街开发强度

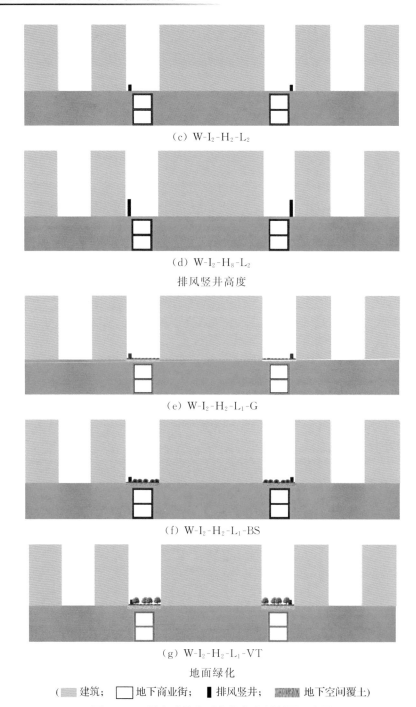

（c）W-I_2-H_2-L_2

（d）W-I_2-H_8-L_2

排风竖井高度

（e）W-I_2-H_2-L_1-G

（f）W-I_2-H_2-L_1-BS

（g）W-I_2-H_2-L_1-VT

地面绿化

（▨ 建筑；▢ 地下商业街；▮ 排风竖井；▨ 地下空间覆土）

图 6-14 围合式城市形态部分案例剖面示意图

6.3.1　地下商业街开发强度对空气质量的影响

图 6-15 展示了在围合式城市形态地下商业街开发中排风竖井高度为 2 m 且集中布置的条件下,不同地下商业街开发强度对室外 CO 浓度的影响(地上 1.5 m,12:00)。通过定性对比发现,当地下商业街开发一层和二层时,室外 CO 浓度均为小于 10 mg/m³,这说明当开发一层和二层地下商业街时,排风竖井排放的污染物对室外空气质量的影响是可以接受的。但是,随着开发强度的增加,室外 CO 浓度变大,当开发三层时,部分区域已经超过 10 mg/m³ 的允许浓度限值,这说明随着地下商业街开发强度的增加,污染源强变大,造成的室外环境的污染是越来越严重的。

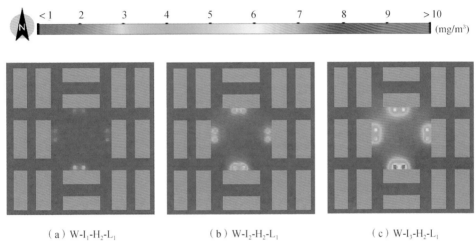

（a）W-I$_1$-H$_2$-L$_1$　　　　（b）W-I$_2$-H$_2$-L$_1$　　　　（c）W-I$_3$-H$_2$-L$_1$

图 6-15　围合式城市形态地下商业街开发强度对室外 CO 浓度的影响

（地上 1.5 m,12:00）

以 10 mg/m³ 为阈值分析围合式城市形态不同地下商业街开发强度下室外 CO 浓度超过 10 mg/m³ 的影响范围(图 6-16)(地上 1.5 m)。可以发现,当开发强度为开发一层时,除了 21:00 和 22:00 外,其余时刻室外 CO 浓度均未超过 10 mg/m³;当开发强度为开发二层和三层时,由于室外 CO 浓度的增大,CO 浓度超过 10 mg/m³ 的面积也越来越大。开发二层时,室外 CO 浓度超过 10 mg/m³ 的面积达到了820 m²;开发三层时,室外 CO 浓度超过 10 mg/m³ 的面积达到了 2 092 m²。这说明对于围合式城市形态而言,室外 CO 浓度与地下商业街的开发强度呈现正相关的关系。

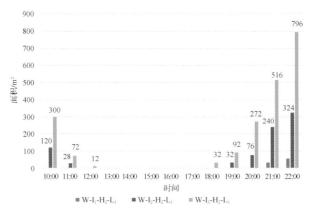

图 6-16 围合式城市形态不同地下商业街开发强度下室外 CO 浓度超过 10 mg/m³ 的影响范围
（地上 1.5 m）

6.3.2 排风竖井位置对空气质量的影响

图 6-17 展示了在围合式城市形态地下商业街开发两层、排风竖井高度为 2 m 的条件下，排风竖井集中布置和分散布置对室外 CO 浓度的影响（地上 1.5 m，12:00）。整体上来看，在 12:00，两种排风竖井的布置条件下的室外 CO 浓度均未超过 10 mg/m³，但是，排风竖井分散布置时，大部分排风口周围的 CO 浓度要低于排风竖井集中布置条件下的室外 CO 浓度。

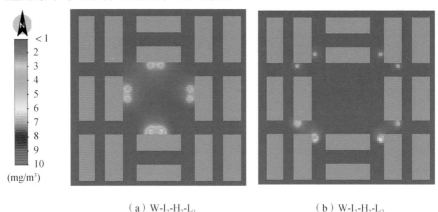

（a）W-I$_2$-H$_2$-L$_1$　　　　　　　（b）W-I$_2$-H$_2$-L$_2$

图 6-17 围合式城市形态排风竖井位置对室外 CO 浓度的影响
（地上 1.5 m，12:00）

以 10 mg/m³ 为阈值分析围合式城市形态不同排风竖井位置条件下室外 CO 浓度超过 10 mg/m³ 的影响范围（图 6-18）（地上 1.5 m）。通过数据对比发现，相比排风竖井集中布置,排风竖井分散布置时室外 CO 浓度超过 10 mg/m³ 的范围明显降低.这说明对于围合式城市形态而言,排风竖井分散布置有利于降低室外 CO 浓度。

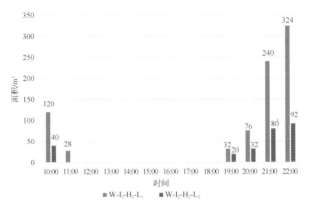

图 6-18　围合式城市形态不同排风竖井位置条件下室外 CO 浓度超过 10 mg/m³ 的影响范围
（地上 1.5 m）

6.3.3　排风竖井高度对空气质量的影响

图 6-19 展示了在围合式城市形态地下商业街开发两层、排风竖井分散布置的条件下,不同排风竖井高度对室外 CO 浓度的影响（地上 1.5 m,12:00）。整体上来看,随着排风竖井高度从 2 m 到 5 m 再到 8 m,在相同的时刻,室外的 CO 浓度呈现出明显的降低趋势,这说明排风竖井高度的增加有利于降低行人高度的 CO 浓度。

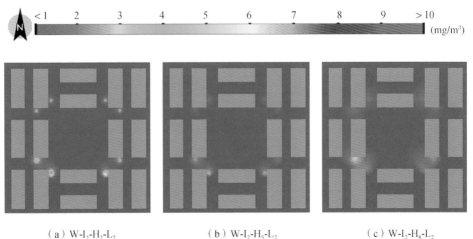

（a）W-I₂-H₂-L₂　　　　（b）W-I₂-H₅-L₂　　　　（c）W-I₂-H₈-L₂

图 6-19　围合式城市形态排风竖井高度对室外 CO 浓度的影响
（地上 1.5 m,12:00）

以 10 mg/m³ 为阈值分析围合式城市形态不同排风竖井高度条件下室外 CO 浓度超过 10 mg/m³ 的影响范围(图 6 - 20)(地上 1.5 m)。可以发现,仅有当排风竖井高度为 2 m 时,室外 CO 浓度超过了 10 mg/m³ 的面积达到了 264 m²;当排风竖井高度为 5 m 和 8 m 时,室外 CO 浓度均未超过 10 mg/m³。这说明对于围合式城市形态而言,排风竖井高度越高,室外 CO 浓度超过 10 mg/m³ 的面积越小,适当提高排风竖井的高度有利于改善室外空气质量。

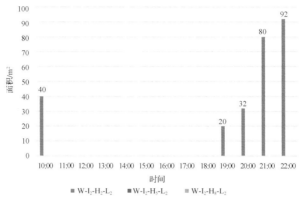

图 6 - 20   围合式城市形态不同排风竖井高度条件下室外 CO 浓度超过 10 mg/m³ 的影响范围

(地上 1.5 m)

6.3.4   地面绿化对空气质量的影响

图 6 - 21 展示了在围合式城市形态地下商业街开发两层、排风竖井高度为 2 m 且集中布置的条件下,不同地下空间覆土深度对应的地面绿化对室外 CO 浓度的影响(地上 1.5 m,12:00)。通过定性对比可以发现,地面绿化为草和小灌木时,室外 CO 浓度分布特征类似,仅有两个排风口处的 CO 浓度接近 10 mg/m³;当地面绿化为竖向乔木或者横向乔木时,室外 CO 浓度明显变高,大部分的排风口处的 CO 浓度已接近甚至超过 10 mg/m³;当地面绿化为大灌木时,室外 CO 浓度明显降低,且室外 CO 浓度未超过 10 mg/m³。

以 10 mg/m³ 为阈值分析围合式城市形态不同地面绿化条件下室外 CO 浓度超过 10 mg/m³ 的影响范围(图 6 - 22)(地上 1.5 m)。通过数据对比可以发现,当地面绿化为横向乔木或竖向乔木时,乔木冠层对气流传播的阻碍不利于 CO 的扩散,造成 CO 集聚,致使室外 CO 浓度处于比较高的范围,横向乔木和竖向乔木配置下室外 CO 浓度超过 10 mg/m³ 的区域面积分别累计达到 3 136 m² 和 2 964 m²。当地面绿化为小灌木或大灌木时,超过 10 mg/m³ 的区域面积仅为 1 060 m² 和 852 m²;

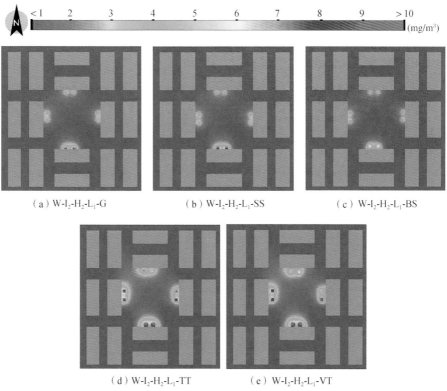

（a）W-I$_2$-H$_2$-L$_1$-G　　　　（b）W-I$_2$-H$_2$-L$_1$-SS　　　　（c）W-I$_2$-H$_2$-L$_1$-BS

（d）W-I$_2$-H$_2$-L$_1$-TT　　　　（e）W-I$_2$-H$_2$-L$_1$-VT

图 6 - 21　围合式城市形态地面绿化对室外 CO 浓度的影响

（地上 1.5 m，12：00）

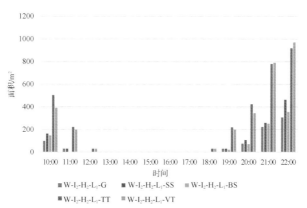

图 6 - 22　围合式城市形态不同地面绿化条件下室外 CO 浓度超过 10 mg/m³ 的影响范围

（地上 1.5 m）

当地面绿化为草时,室外 CO 浓度超过 10 mg/m^3 的区域面积累计达到 772 m^2。这说明对于围合式城市形态而言,不同种类绿化对室外 CO 浓度降低的作用排序为草＞大灌木＞小灌木＞竖向乔木＞横向乔木。

6.4　点式城市形态

点式城市形态下地下商业街开发强度(I)、排风竖井高度(H)、排风竖井位置(L)以及地面绿化等因素对城市空气质量影响的案例汇总如表 6-9 所示。由于篇幅原因,本章选择其中部分案例进行详细分析(表 6-10),点式城市形态部分案例剖面示意图如图 6-23 所示,其余案例分析方法与本章的案例类似。

表 6-9　点式城市形态分析案例汇总

城市形态	I—地下商业街开发强度	H—排风竖井高度	L—排风竖井位置	地面绿化
D—点式城市形态	I_1—开发一层 I_2—开发二层 I_3—开发三层	H_2—高度为 2 m H_5—高度为 5 m H_8—高度为 8 m	L_1—排风竖井集中布置 L_2—排风竖井分散布置	TT—横向乔木 VT—竖向乔木 BS—大灌木 SS—小灌木 G—草

表 6-10　点式城市形态评价案例汇总

(a) 地下商业街开发强度

案例编号	地下商业街开发强度	排风竖井高度	排风竖井位置	地面绿化
D-I_1-H_2-L_1	I_1—开发一层			
D-I_2-H_2-L_1	I_2—开发二层	H_2—高度为 2 m	L_1—排风竖井集中布置	无
D-I_3-H_2-L_1	I_3—开发三层			

(b) 排风竖井高度

案例编号	地下商业街开发强度	排风竖井高度	排风竖井位置	地面绿化
D-I_2-H_2-L_2		H_2—高度为 2 m		
D-I_2-H_5-L_2	I_2—开发二层	H_5—高度为 5 m	L_2—排风竖井分散布置	无
D-I_2-H_8-L_2		H_8—高度为 8 m		

（c）排风竖井位置

案例编号	地下商业街开发强度	排风竖井高度	排风竖井位置	地面绿化
D-I$_2$-H$_2$-L$_1$	I$_2$—开发二层	H$_2$—高度为 2 m	L$_1$—排风竖井集中布置	无
D-I$_2$-H$_2$-L$_2$			L$_2$—排风竖井分散布置	

（d）地面绿化

案例编号	地下商业街开发强度	排风竖井高度	排风竖井位置	地面绿化
D-I$_2$-H$_2$-L$_1$-TT	I$_2$—开发二层	H$_2$—高度为 2 m	L$_1$—排风竖井集中布置	TT—横向乔木
D-I$_2$-H$_2$-L$_1$-VT				VT—竖向乔木
D-I$_2$-H$_2$-L$_1$-BS				BS—大灌木
D-I$_2$-H$_2$-L$_1$-SS				SS—小灌木
D-I$_2$-H$_2$-L$_1$-G				G—草

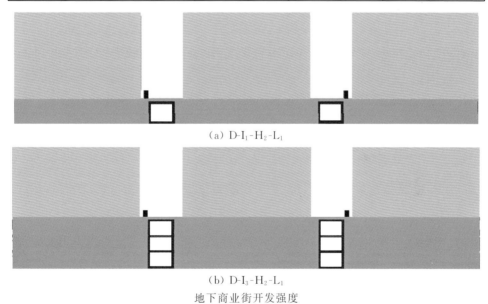

（a）D-I$_1$-H$_2$-L$_1$

（b）D-I$_3$-H$_2$-L$_1$

地下商业街开发强度

（c）D-I$_2$-H$_2$-L$_2$

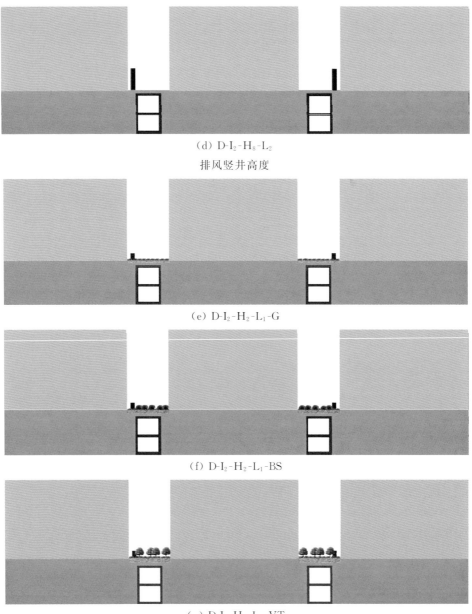

(d) D-I_2-H_8-L_2

排风竖井高度

(e) D-I_2-H_2-L_1-G

(f) D-I_2-H_2-L_1-BS

(g) D-I_2-H_2-L_1-VT

地面绿化

(▨ 建筑;　□ 地下商业街;　▮ 排风竖井;　▨ 地下空间覆土)

图 6 - 23　点式城市形态部分案例剖面示意图

6.4.1　地下商业街开发强度对空气质量的影响

图 6-24 展示了在点式城市形态地下商业街开发中排风竖井高度为 2 m 且集中布置的条件下,不同地下商业街开发强度对室外 CO 浓度的影响(地上 1.5 m,12:00)。通过定性比较发现,当地下商业街开发一层和二层时,室外 CO 浓度均为小于 10 mg/m³,说明当开发一层和二层地下商业街时,排风竖井排放的污染物对室外空气质量的影响是可以接受的。但是,随着开发强度的增加,室外 CO 浓度变大,当开发三层时,部分区域的 CO 浓度接近 10 mg/m³ 的允许浓度限值,这说明随着地下商业街开发强度的增加,污染源强的变大,室外 CO 浓度随之增加,造成的室外环境的污染是越来越严重的。

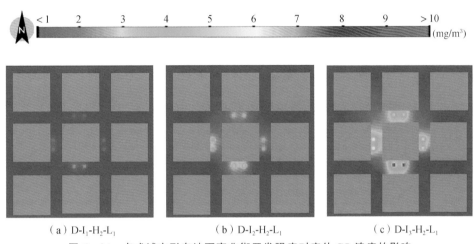

（a）D-I₁-H₂-L₁　　　（b）D-I₂-H₂-L₁　　　（c）D-I₃-H₂-L₁

图 6-24　点式城市形态地下商业街开发强度对室外 CO 浓度的影响

(地上 1.5 m,12:00)

以 10 mg/m³ 为阈值分析不同地下商业街开发强度下室外 CO 浓度超过 10 mg/m³ 的影响范围(图 6-25)(地上 1.5 m)。可以发现,当开发强度为开发一层时,室外 CO 浓度均未超过 10 mg/m³,这说明当开发一层地下商业街时,竖井排放的污染物对室外空气质量的影响是可以接受的。当开发强度为开发二层和三层地下商业街时,由于室外 CO 浓度的增大,CO 浓度超过 10 mg/m³ 的面积也越来越大。开发二层时,室外 CO 浓度超过 10 mg/m³ 的面积达到了 228 m²;开发三层时,室外 CO 浓度超过 10 mg/m³ 的面积达到了 1 176 m²。这说明对于点式城市形态而言,室外 CO 浓度与地下商业街的开发强度呈现正相关的关系。

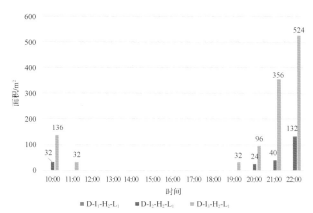

图 6 - 25 点式城市形态不同地下商业街开发强度下室外 CO 浓度超过 10 mg/m³ 的影响范围
（地上 1.5 m）

6.4.2 排风竖井位置对空气质量的影响

图 6 - 26 展示了在点式城市形态地下商业街开发两层、排风竖井高度为 2 m 的条件下，排风竖井集中布置和分散布置对室外 CO 浓度的影响（地上 1.5 m，12：00）。整体上来看，在 12：00，排风竖井集中排放，室外 CO 浓度未超过 10 mg/m³；排风竖井分散布置时，有部分排风口处的 CO 浓度增大，接近 10 mg/m³。可以定性判断，对于点式城市形态而言，相比排风竖井分散布置，排风竖井集中布置能够减小对室外空气质量的影响。

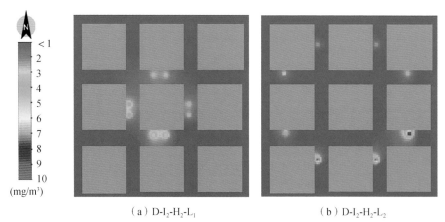

（a）D-I_2-H_2-L_1 （b）D-I_2-H_2-L_2

图 6 - 26 点式城市形态排风竖井位置对室外 CO 浓度的影响
（地上 1.5 m，12：00）

以 10 mg/m³ 为阈值分析点式城市形态不同排风竖井位置下室外 CO 浓度超过 10 mg/m³ 的影响范围(图 6 - 27)(地上 1.5 m)。通过数据对比发现,相比排风竖井分散布置,排风竖井集中布置时,室外 CO 浓度超过 10 mg/m³ 的范围明显降低,这说明对于点式城市形态而言,排风竖井集中布置有利于降低室外的 CO 浓度。

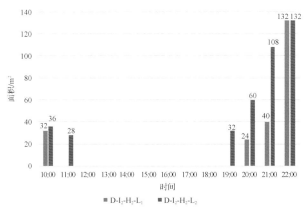

图 6 - 27　点式城市形态不同排风竖井位置条件下室外 CO 浓度超过 10 mg/m³ 的影响范围
（地上 1.5 m）

6.4.3　排风竖井高度对空气质量的影响

图 6 - 28 展示了在点式城市形态地下商业街开发两层、排风竖井分散布置的条件下,不同排风竖井高度对室外 CO 浓度的影响(地上 1.5 m,12:00)。整体上来看。随着竖井排风高度从 2 m 到 5 m 再到 8 m,在相同的时刻,室外的 CO 浓度呈现出明显的降低趋势,这说明排风竖井高度的增加有利于降低行人高度 CO 浓度。

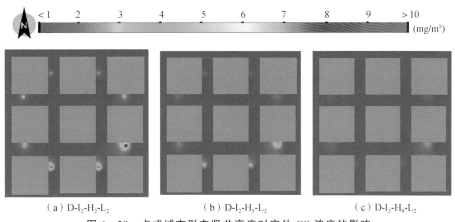

（a）D-I₂-H₂-L₂　　　　　（b）D-I₂-H₅-L₂　　　　　（c）D-I₂-H₈-L₂
图 6 - 28　点式城市形态竖井高度对室外 CO 浓度的影响
（地上 1.5 m,12:00）

以 10 mg/m³ 为阈值分析点式城市形态不同排风竖井高度条件下室外 CO 浓度超过 10 mg/m³ 的影响范围(图 6-29)(地上 1.5 m)。可以发现,仅有当排风竖井高度为 2 m 时,室外 CO 浓度超过了 10 mg/m³ 的面积达到了 396 m²;当排风竖井高度为 5m 和 8 m 时,室外 CO 浓度均未超过 10 mg/m³。这说明对于点式城市形态而言,排风竖井高度越高,室外 CO 浓度超过 10 mg/m³ 的面积越小,适当提高排风竖井的高度有利于改善室外空气质量。

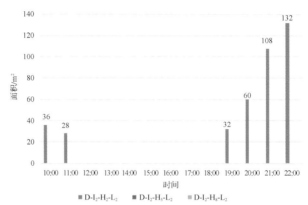

图 6-29 点式城市形态不同排风竖井高度条件下室外 CO 浓度超过 10 mg/m³ 的影响范围
(地上 1.5 m)

6.4.4　地面绿化对空气质量的影响

图 6-30 展示了在点式城市形态地下商业街开发两层、排风竖井高度为 2 m 且集中布置的条件下,不同地下空间覆土深度对应的地面绿化对室外 CO 浓度的影响(地上 1.5 m,12:00)。通过定性对比可以发现,地面绿化为草、小灌木和大灌木时,室外 CO 浓度均未超过 10 mg/m³;地面绿化为竖向乔木或者横向乔木时,室外 CO 浓度明显变高,排风口周边的 CO 浓度接近其至超过 10 mg/m³。

以 10 mg/m³ 为阈值分析点式城市形态不同地面绿化条件下室外 CO 浓度超过 10 mg/m³ 的影响范围(图 6-31)(地上 1.5 m)。通过数据对比可以发现,当地面绿化为横向乔木或竖向乔木时,乔木冠层对气流传播的阻碍不利于 CO 的扩散,造成 CO 集聚,致使室外 CO 浓度处于比较高的范围,横向乔木和竖向乔木配置下室外 CO 浓度超过 10 mg/m³ 的区域面积分别累计达到 3 080 m² 和 1 648 m²。当地面绿化为草、小灌木和大灌木时,超过 10 mg/m³ 的区域面积分别为 236 m²、644 m² 和 244 m²。这说明对于点式城市形态而言,不同种类绿化对室外 CO 浓度降低的作用排序为草＞大灌木＞小灌木＞竖向乔木＞横向乔木。

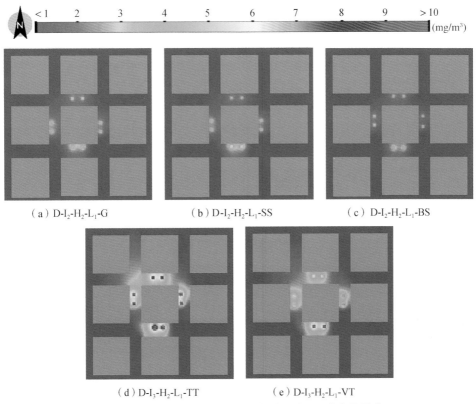

（a）D-I$_2$-H$_2$-L$_1$-G　　　　　（b）D-I$_2$-H$_2$-L$_1$-SS　　　　　（c）D-I$_2$-H$_2$-L$_1$-BS

（d）D-I$_3$-H$_2$-L$_1$-TT　　　　　（e）D-I$_3$-H$_2$-L$_1$-VT

图 6 - 30　点式城市形态地面绿化对室外 CO 浓度的影响

（地上 1.5 m,12:00）

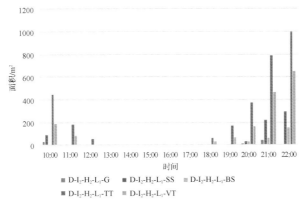

图 6 - 31　点式城市形态不同地面绿化条件下室外 CO 浓度超过 10 mg/m³ 的影响范围

（地上 1.5 m）

6.5 本章小结

本章以并列式、围合式和点式城市形态的地下商业街开发为研究对象,以地下商业街对外排出的 CO 浓度为评价指标,定量地评价了地下商业街开发强度、排风竖井位置、排风竖井高度以及不同地下空间覆土深度对应的地面绿化等设计因素对室外 CO 浓度变化的影响,得出以下结论:

(1) 对于三种典型城市形态的地下商业街开发,地下商业街开发强度与室外 CO 浓度均呈现出正相关关系,而排风竖井高度则与室外 CO 浓度呈现出负相关关系。开发强度越大,室外 CO 浓度越高,影响范围越大;排风竖井高度越高,室外 CO 浓度越低,影响范围越小。

(2) 对于并列式和围合式城市形态下的地下商业街开发,排风竖井分散布置比集中布置有利于降低室外 CO 浓度;而对于点式城市形态下的地下商业街开发,排风竖井集中布置更有利于降低室外 CO 浓度。因此,为了降低室外 CO 浓度,对于并列式和围合式城市形态的地下商业街开发,排风竖井宜选择分散布置;对于点式城市形态的地下商业街开发,排风竖井宜选择集中布置。

(3) 不同地下空间覆土深度对应的地面绿化对室外 CO 浓度的影响不同。三种典型城市形态下的地下商业街开发,地下空间覆土深度设计在 $80 \sim 90$ cm,地面种植乔木时,并不利于降低室外 CO 浓度;对于并列式、围合式和点式城市形态,地下商业街开发区域的覆土深度分别设置在 $45 \sim 60$ cm、$10 \sim 20$ cm 和 $10 \sim 20$ cm,地面分别种植大灌木、草和草时,室外 CO 浓度超过 10 mg/m³ 的面积最小,有助于降低室外 CO 浓度。

第7章 结论与展望

7.1 结论

城市地下空间开发在解决城市空间资源紧缺、缓解交通拥堵和改善城市环境方面具有一定的优势。从改善城市微气候角度系统研究城市地下空间开发对城市微气候的影响,对于城市地下空间的合理开发和城市的可持续发展都具有重要意义。

本书以夏热冬冷地区的气候为背景条件,首先分析了城市地下空间开发对城市微气候的影响机理,然后通过现场实测和大量案例的数值模拟,系统地分析和总结了地下空间覆土深度和地下空间污染物排放对城市微气候的影响,并得出以下结论:

(1)城市地下空间开发对城市微气候的影响机理在本质上遵循城市能量平衡理论,其过程包含三方面:① 通过改变地面建筑组合方式形成不同的城市空间形态,改变城市粗糙度、反射率等因素,进而影响城市微气候;② 通过改变地下空间覆土深度影响地面的绿化设计,改变地面透水率、蓄热能力、反射率等因素,进而影响城市微气候;③ 通过排风竖井将地下空间内部污染物排放到室外能够影响城市微气候。

(2)本书通过对比南京某小区内不同材质下垫面的空气温度、相对湿度、下垫面温度和风速的实测值与模拟值,对微气候模拟软件 ENVI-met 在南京地区的适用性进行了分析。结果显示,小区室外微气候的模拟结果在数值、空间分布和规律上与实测结果基本吻合,这表明 ENVI-met 能够准确模拟南京地区的室外微气候变化,为进一步量化研究城市地下空间开发对城市微气候的影响提供技术支持。

(3)地下空间覆土深度通过决定地面绿化配置影响室外微气候,不同覆土深度对应的地面绿化配置对室外微气候的影响不同。本书以具有地下停车功能的住宅小区为研究对象,通过对南京市商业楼盘的实地调研分析,建立了行列式和围合式布局的研究模型,运用 ENVI-met 量化分析了不同地下空间覆土深度对应的小乔木、大灌木、小灌木和草四种绿化配置对室外微气候的影响。结果表明,不同覆土深度对应的绿化配置对室外相对湿度的影响差别不大,当地下空间覆土深度设计在 10～20 cm、能够满足草生存时,有利于促进室外的气流扩散;覆土深度设计在 45～60 cm、够满足大灌木生存时,有利于降低室外空气温度,缓解热岛效应;覆土深度设计在 80～90 cm、能够满足小乔木生存时,有利于降低室外平均辐射温度和 SET*,有助于改善人体在室外的热舒适度。考虑到 SET* 能够综合反映人体对室外微气候的热舒适状况,因此,建议将地下空间覆土深度设计在 80～90 cm,这是本书为地下空间覆土深度的设计提供的初步建议。

(4) 本书提出了基于室外微气候评价的地下空间覆土深度优化设计流程,以行列式和围合式布局的住宅小区为研究对象,运用 ENVI-met 模拟分析了不同乔灌木比例(2∶3、1∶2 和 1∶3)条件下,由中高层和中低层植物搭配形成的植物群落对室外微气候的影响,并根据模拟结果针对地下空间覆土深度的优化设计给出了建议。

结果表明,对于行列式建筑布局,为了达到加强室外通风、降低室外相对湿度的目的,地面绿化应采用中低层植物搭配(乔灌木比例 2∶3),2/5、1/5 和 2/5 的地下空间开发区域面积的覆土深度应分别设置在 80～90 cm、45～60 cm 和 30～40 cm;为了达到降低室外空气温度、平均辐射温度和改善室外热舒适度的目的,地面绿化应采用中高层植物搭配(乔灌木比例 1∶3),1/4 和 3/4 的地下空间开发区域面积的覆土深度应分别设置在 80～90 cm 和 45～60 cm。

对于围合式建筑布局,为了达到加强室外通风的目的,地面绿化应采用中高层植物搭配(乔灌木比例 2∶3),2/5 和 3/5 的地下空间开发区域面积的覆土深度应分别设置在 80～90 cm 和 45～60 cm;为了达到降低室外空气温度的目的,地面绿化应采用中高层植物搭配(乔灌木比例 1∶3),1/4 和 3/4 的地下空间开发区域面积的覆土深度应分别设置在 80～90 cm 和 45～60 cm;为了达到降低室外相对湿度的目的,地面绿化应采用中高层植物搭配(乔灌木比例 1∶2),1/3 和 2/3 的地下空间开发区域面积的覆土深度应分别设置在 80～90 cm 和 45～60 cm;为了达到降低室外平均辐射温度和改善室外热舒适度的目的,地面绿化应采用中低层植物搭配(乔灌木比例 1∶3),1/4、2/4 和 1/4 的地下空间开发区域面积的覆土深度应分别设置在 80～90 cm、45～60 cm 和 30～40 cm。

(5) 地下空间内部污染物通过竖井排放到室外,不利于改善城市微气候。本书以并列式、围合式和点式城市形态的地下商业街开发为研究对象,以室外 CO 浓度为评价指标,定量分析了地下商业街开发强度、排风竖井位置、排风竖井高度以及不同地下空间覆土深度对应的地面绿化(横向乔木、竖向乔木、大灌木、小灌木和草)等设计因素对室外 CO 浓度的影响。结果表明,对于三种城市形态下的地下商业街开发,地下商业街开发强度越大,室外 CO 浓度越高,影响范围越大;排风竖井高度越高,室外 CO 浓度越低,影响范围越小。对于并列式和围合式城市形态的地下商业街开发,排风竖井宜选择分散布置,对于点式城市形态的地下商业街开发,排风竖井宜选择集中布置,这样有助于降低室外 CO 浓度。地下商业街开发区域的覆土深度设置在 80～90 cm、地面种植乔木时,并不利于降低室外 CO 浓度;对于并列式、围合式和点式城市形态,地下商业街开发区域的覆土深度分别设置在45～60 cm、10～20 cm 和 10～20 cm,地面分别种植大灌木、草和草时,有助于降低室外 CO 浓度。

7.2 展望

立足当前,展望未来,在本书的研究基础上,针对本领域的后续研究可从以下几方面进行着手:

(1)城市地下空间开发对建筑能耗的影响可作为后续研究的一个分支。室外微气候的变化能够对建筑能耗产生影响,通过改善室外微气候来降低建筑能耗是目前微气候领域与建筑能耗领域交叉研究的热点。本书量化了城市地下空间开发对城市微气候的影响,那么,在本书的研究基础上,可以进一步将研究结果拓展到建筑能耗领域,研究地下空间开发后城市微气候的变化对建筑能耗的影响,探索不同地下空间开发要素与建筑能耗指标之间的关联性与变化规律,以达到改善城市微气候和降低建筑能耗的目的。

(2)城市地下空间开发产生的环境效益主要在于增加了城市绿化。对于城市中的绿化设计通常采用植物群落的形式,本书所涉及的地面植物群落设计借鉴了目前工程领域中较为普遍的绿化组合方式。考虑到景观设计人员创作灵感的无限可能性,在具体工程中还有更多的植物群落设计手法。因此,后续的研究应该对更多的植物组合方式形成的植物群落进行模拟,根据本书提出的基于室外微气候评价的地下空间覆土深度优化流程,优化地下空间覆土深度,以达到改善室外微气候的目的。

(3)城市地下空间内部污染物排放对地面环境产生的负面影响应是后续的研究重点。相比地下空间,地面的空间环境质量更为重要,本书虽然量化分析了城市地下商业街开发对室外空气质量的影响,为该方面后续的研究提供了研究思路,但是,考虑到不同功能的城市地下空间开发利用所产生的污染物种类有所不同,不同种类污染物的室外传播规律也不尽相同。因此,后续的研究可以根据地下空间功能的不同对其进行分类,然后筛选分析不同功能的地下空间开发利用产生的主要污染物以及污染物的传播规律,并通过对不同设计方案的数值模拟,建立以降低地下空间开发对城市环境负面影响的开发策略。

(4)海绵城市背景下城市地下空间开发利用应是后续的研究重点。地下储水工程的建设虽然有利于城市雨水的储存和利用,但是,地下工程建设会破坏地下的水文地质,带来地下水源污染和地下水位下降等问题。研究城市地下空间开发对水文地质的影响,探索海绵城市背景下城市地下空间的开发利用策略,以最大限度地减少对地下水资源的破坏,有利于海绵城市建设。

参考文献

［1］ ROSENBERG N J，BLAD B L，VERMA S B. Microclimate，the biological environment［M］. 2nd. ［S.l.］：Wiley Interscience Publication，1983.

［2］ OKE T R. Street design and urban canopy layer climate［J］. Energy and Buildings，1988，11(1/2/3)：103 - 113.

［3］聂高辉，邱洋冬.中国城镇化影响环境污染的预测与分析［J］.调研世界，2017(10)：10 - 16.

［4］ LIN T P，MATZARAKIS A，HWANG R L. Shading effect on long-term outdoor thermal comfort［J］. Building and Environment，2010，45(1)：213 - 221.

［5］ LAI D Y，GUO D H，HOU Y F，et al. Studies of outdoor thermal comfort in Northern China［J］. Building and Environment，2014，77：110 - 118.

［6］ YANG F，LAU S S Y，QIAN F. Thermal comfort effects of urban design strategies in high-rise urban environments in a sub-tropical climate［J］. Architectural Science Review，2011，54(4)：285 - 304.

［7］ YANG X S，ZHAO L H，BRUSE M，et al. An integrated simulation method for building energy performance assessment in urban environments［J］. Energy and Buildings，2012，54：243 - 251.

［8］ LOWE S A. An energy and mortality impact assessment of the urban heat island in the US［J］. Environmental Impact Assessment Review，2016，56：139 - 144.

［9］ GOLDREICH Y. Urban climate studies in Johannesburg：a sub-tropical city located on a ridge—a review［J］. Atmospheric Environment Part B Urban Atmosphere，1992，26(3)：407 - 420.

［10］ KUTTLER W，BARLAG A B，ROBMANN F. Study of the thermal structure of a town in a narrow valley［J］. Atmospheric Environment，1996，30

（3）：365 – 378.

[11] YING X Y，DING G，HU X J，et al. Developing planning indicators for outdoor wind environments of high-rise residential buildings[J]. Journal of Zhejiang University—Science A，2016，17(5)：378 – 388.

[12] YANG X B，CHEN Z L，CAI H，et al. A framework for assessment of the influence of China's urban underground space developments on the urban microclimate[J]. Sustainability，2014，6(12)：8536 – 8566.

[13] HUANG L M，LI J L，ZHAO D H，et al. A fieldwork study on the diurnal changes of urban microclimate in four types of ground cover and urban heat island of Nanjing，China[J]. Building and Environment，2008，43(1)：7 – 17.

[14] NG E，CHEN L，WANG Y N，et al. A study on the cooling effects of greening in a high-density city：an experience from Hong Kong[J]. Building and Environment，2012，47：256 – 271.

[15] OOKA R，CHEN H，KATO S. Study on optimum arrangement of trees for design of pleasant outdoor environment using multi-objective genetic algorithm and coupled simulation of convection，radiation and conduction[J]. Journal of Wind Engineering and Industrial Aerodynamics，2008，96(10/11)：1733 – 1748.

[16] LIN B R，LI X F，ZHU Y X，et al. Numerical simulation studies of the different vegetation patterns' effects on outdoor pedestrian thermal comfort[J]. Journal of Wind Engineering and Industrial Aerodynamics，2008，96(10/11)：1707 – 1718.

[17] HONG B，LIN B R，HU L H，et al. Optimal tree design for sunshine and ventilation in residential district using geometrical models and numerical simulation[J]. Building Simulation，2011，4(4)：351 – 363.

[18] HONG B，LIN B R. Numerical studies of the outdoor wind environment and thermal comfort at pedestrian level in housing blocks with different building layout patterns and trees arrangement[J]. Renewable Energy，2015，73：18 – 27.

[19] CHEN H，OOKA R，HARAYAMA K，et al. Study on outdoor thermal environment of apartment block in Shenzhen，China with coupled simulation of convection，radiation and conduction[J]. Energy and Buildings，2004，36(12)：1247 – 1258.

[20] 张铮.基于地上地下一体化视角的城市地下空间序化研究[D].南京：解放

军理工大学,2012.

[21] 杨晓彬.城市地下空间开发对城市热环境的影响研究[D].南京:解放军理工大学,2015.

[22] 中华人民共和国住房和城乡建设部.城市地下空间开发利用"十三五"规划[EB/OL].(2016-05-25)[2018-04-22]. http://www.mohurd.gov.cn/wjfb/201606/t20160622_227841.html.

[23] 李晓颖,王浩.城市废弃基础设施的有机重生:波士顿"大开挖"(The Big Dig)项目[J].中国园林,2013,29(2):20-25.

[24] ALEXANDRI E, JONES P. Developing a one-dimensional heat and mass transfer algorithm for describing the effect of green roofs on the built environment: comparison with experimental results [J]. Building and Environment,2007,42(8):2835-2849.

[25] TSO C P. A survey of urban heat island studies in two tropical cities [J]. Atmospheric Environment,1996,30(3):507-519.

[26] FEHRENBACH U, SCHERER D, PARLOW E. Automated classification of planning objectives for the consideration of climate and air quality in urban and regional planning for the example of the region of Basel/Switzerland [J]. Atmospheric Environment,2001,35(32):5605-5615.

[27] PAULEIT S, ENNOS R, GOLDING Y. Modeling the environmental impacts of urban land use and land cover change: a study in Merseyside, UK[J]. Landscape and Urban Planning, 2005,71(2/3/4):295-310.

[28] 冯小恒.湿热地区城市热环境低空红外遥感实验研究[D].广州:华南理工大学,2010.

[29] OKE T R. The energetic basis of the urban heat island[J]. Quarterly Journal of the Royal Meteorological Society,1982,108(455):1-24.

[30] TERESHCHENKO I E, FILONOV A E. Air temperature fluctuations in Guadalajara, Mexico, from 1926 to 1994 in relation to urban growth[J]. International Journal of Climatology, 2001,21(4):483-494.

[31] MAGEE N, CURTIS J, WENDLER G. The urban heat island effect at Fairbanks, Alaska[J]. Theoretical and Applied Climatology, 1999, 64(1/2):39-47.

[32] PHILANDRAS C M, METAXAS D A, NASTOS P T. Climate variability and urbanization in Athens[J]. Theoretical and Applied Climatology, 1999,63(1/2):65-72.

[33] NASRALLAH H A，BRAZEL A J，BALLING JR R C. Analysis of the Kuwait City urban heat island[J]. International Journal of Climatology，1990，10(4)：401-405.

[34] FIGUEROLA P I，MAZZEO N A. Urban-rural temperature differences in Buenos Aires[J]. International Journal of Climatology，1998，18(15)：1709-1723.

[35] OJIMA T. Changing Tokyo Metropolitan area and its heat island model [J]. Energy and Buildings，1990，15(1/2)：191-203.

[36] CHEN L，NG E. Simulation of the effect of downtown greenery on thermal comfort in subtropical climate using PET index：a case study in Hong Kong[J]. Architectural Science Review，2013，56(4)：297-305.

[37] YAN H，FAN S X，GUO C X，et al. Assessing the effects of landscape design parameters on intra-urban air temperature variability：the case of Beijing，China[J]. Building and Environment，2014，76：44-53.

[38] 王振.夏热冬冷地区基于城市微气候的街区层峡气候适应性设计策略研究[D].武汉:华中科技大学,2008.

[39] HONG B，LIN B R，WANG B，et al. Optimal design of vegetation in residential district with numerical simulation and field experiment[J]. Journal of Central South University，2012，19(3)：688-695.

[40] 陈卓伦.绿化体系对湿热地区建筑组团室外热环境影响研究[D].广州:华南理工大学,2010.

[41] 杨小山.室外微气候对建筑空调能耗影响的模拟方法研究[D].广州:华南理工大学,2012.

[42] BRUSE M，FLEER H. Simulating surface-plant-air interactions inside urban environments with a three dimensional numerical model[J]. Environmental Modelling & Software，1998，13(3/4)：373-384.

[43] 黄媛.夏热冬冷地区基于节能的气候适应性街区城市设计方法论研究[D].武汉:华中科技大学,2010.

[44] 张伟.居住小区绿地布局对微气候影响的模拟研究[D].南京:南京大学,2015.

[45] STERLING R. Underground space design[M]. New York：Van Nostrand Reinhold，1993.

[46] ZAHED S E，SHAHANDASHTI S M，NAJAFI M. Lifecycle benefit-cost analysis of underground freight transportation systems[J]. Journal of

Pipeline Systems Engineering and Practice，2018，9(2)：04018003.

[47] ZAHED S E，SHAHANDASHTI S M，NAJAFI M. Financing underground freight transportation systems in Texas：identification of funding sources and assessment of enabling legislation[J]. Journal of Pipeline Systems Engineering and Practice，2018，9(2)：06018001.

[48] JANBAZ S，SHAHANDASHTI M，NAJAFI M，et al. Lifecycle cost study of underground freight transportation systems in Texas[J]. Journal of Pipeline Systems Engineering and Practice，2018，9(3)：05018004.

[49] 格兰尼,尾岛俊雄.城市地下空间设计[M].许方,于海漪,译.北京:中国建筑工业出版社,2005.

[50] 钱七虎.迎接我国城市地下空间开发高潮[J].岩土工程学报,1998,20(1):112 - 113.

[51] CHEN Z L，CHEN J Y，LIU H，et al. Present status and development trends of underground space in Chinese cities：evaluation and analysis[J]. Tunnelling and Underground Space Technology，2018，71：253 - 270.

[52] 朱大明.城市地下空间开发利用的绿色生态建筑对策[J].地下空间,2003(2):186 - 190.

[53] 彭芳乐,乔永康,程光华,等.我国城市地下空间规划现状、问题与对策[J].地学前缘,2019,26(3):57 - 68.

[54] 祁红卫,陈立道.城市居住区地下空间开发利用探讨[J].地下空间,2000(2):137 - 140.

[55] 曾波,王文华,吴建华,等.21 世纪居住区地下空间的开发利用[J].地下空间,2002(4):350 - 355.

[56] 彭建勋.发展居住区地下空间推进小区环境建设[D].太原:太原理工大学,2006.

[57] KUYKENDALL J R，SHAW S L，PAUSTENBACH D，et al. Chemicals present in automobile traffic tunnels and the possible community health hazards：a review of the literature[J]. Inhalation Toxicology，2009，21(9)：747 - 792.

[58] 王洋,彭芳乐.地下空间社会与环境效益的定量评价模型[J].同济大学学报(自然科学版),2014,42(4):659 - 664.

[59] 姜伟华,陈志龙,纪会.地下空间建设项目综合效益经济评价方法[J].地下空间,2004(4):470 - 474.

[60] 张宏,董爱.我国城市地下空间综合效益研究[J].价值工程,2018,37(29):1 - 4.

[61] NUNEZ M，OKE T R. The energy balance of an urban canyon[J]. Journal of Applied Meteorology，1977，16(1)：11－19.

[62] OKE T R. Boundary layer climates[M]. New York：Routledge，1987.

[63] GARRATT J. Review：the atmospheric boundary layer[J]. Earth-Science Reviews，1994，37(1/2)：89－134.

[64] GRIMMOND C S B，OKE T R. Turbulent heat fluxes in urban areas：observations and a local-scale urban meteorological parameterization scheme (LUMPS)[J]. Journal of Applied Meteorology，2002，41(7)：792－810.

[65] OKE T R，JOHNSON G T，STEYN D G，et al. Simulation of surface urban heat Islands under "ideal" conditions at night part 2：diagnosis of causation [J]. Boundary-Layer Meteorology，1991，56(4)：339－358.

[66] CLARK E，BERDAHL P. Radiative cooling：resource and applications [Z]. Washington，D.C.：U.S. Department of Energy，1981：219.

[67] ARNFIELD A J. An approach to the estimation of the surface radiative properties and radiation budgets of cities[J]. Physical Geography，1982，3(2)：97－122.

[68] HAGISHIMA A，TANIMOTO J. Field measurements for estimating the convective heat transfer coefficient at building surfaces[J]. Building and Environment，2003，38(7)：873－881.

[69] CLEAR R D，GARTLAND L，WINKELMANN F C. An empirical correlation for the outside convective air-film coefficient for horizontal roofs[J]. Energy and Buildings，2003，35(8)：797－811.

[70] PRIESTLEY C H B，TAYLOR R J. On the assessment of surface heat flux and evaporation using large-scale parameters[J]. Monthly Weather Review，1972，100(2)：81－92.

[71] BRUTSAERT W，STRICKER H. An advection-aridity approach to estimate actual regional evapotranspiration[J]. Water Resources Research，1979，15(2)：443－450.

[72] STERLING R. Underground space design[M]. New York：Van Nostrand Reinhold，1993.

[73] ZHANG P，CHEN Z L，YANG H Y，et al. On utilization of underground space to protect historical relics model[J]. Tunnelling and Underground Space Technology，2009，24(3)：245－249.

[74] SAILOR D J. Simulations of annual degree day impacts of urban vegetative augmentation[J]. Atmospheric Environment，1998，32(1)：43－52.

[75] 李四贵,顾炜莉,吴丹珍,等.绿化布局对建筑周围风环境影响的数值研究[J].建筑热能通风空调,2017,36(11):19－22.

[76] 柯咏东,桑建国.小型绿化带对城市建筑物周围风场影响的数值模拟[J].北京大学学报(自然科学版),2008,44(4):585－591.

[77] 张巍.住宅小区风环境及热环境的模拟研究[D].武汉:华中科技大学,2013.

[78] 赵倩.基于数值模拟的徐州矿区居住区室外风环境品质分析及优化设计研究[D].徐州:中国矿业大学,2016.

[79] RELF P D. Enhancing our environment through landscaping[M]. Blacksburg：Virginia Cooperative Extension,1996：4869.

[80] WANIA A,Bruse M,Blond N,et al. Analysing the influence of different street vegetation on traffic-induced particle dispersion using microscale simulations[J]. Journal of Environmental Management,2012,94(1):91－101.

[81] VOS P E J,MAIHEU B,VANKERKOM J,et al. Improving local air quality in cities：to tree or not to tree? [J]. Environmental Pollution,2013,183:113－122.

[82] TONG Z M,BALDAUF R W,ISAKOV V,et al. Roadside vegetation barrier designs to mitigate near-road air pollution impacts[J]. Science of the Total Environment,2016,541:920－927.

[83] 尚华胜.JGJ 155—2013《种植屋面工程技术规程》解读[J].中国建筑防水,2013(15):25－29.

[84] 新加坡拟建地下科学城穴居时代或来临[J].未来与发展,2013,36(10):20.

[85] 王洋,彭芳乐.地下空间社会与环境效益的定量评价模型[J].同济大学学报(自然科学版),2014,42(4):659－664.

[86] 韩宗伟,王嘉,邵晓亮,等.城市典型地下空间的空气污染特征及其净化对策[J].暖通空调,2009,39(11):21－30.

[87] 曾彩明,黄奂彦,胡辉,等.东莞市城区地下空间空气质量状况探析研究[J].环境科学与管理,2014,39(4):36－40.

[88] 王贤珍,范春,史力田.某市地下商场空气污染现状的分析[J].环境与健康杂志,1992,9(2):64－66.

[89] CHOW W T L,POPE R L,MARTIN C A,et al. Observing and modeling the nocturnal park cool island of an arid city：horizontal and vertical impacts[J]. Theoretical and Applied Climatology,2011,103(1/2):197－211.

[90] MIDDEL A，HAB K，BRAZEL A J，et al. Impact of urban form and design on mid-afternoon microclimate in Phoenix Local Climate Zones[J]. Landscape and Urban Planning，2014，122：16 – 28.

[91] SRIVANIT M，HOKAO K. Evaluating the cooling effects of greening for improving the outdoor thermal environment at an institutional campus in the summer[J]. Building and Environment，2013，66：158 – 172.

[92] 段佳佳.基于夏季小气候改善的北京城市街区绿地格局优化研究[D].北京：北方工业大学，2017.

[93] 岳小智，尹海伟，孔繁花，等.基于 ENVI-met 的绿地布局模式对微气候的影响研究：以南京市居住小区为例[J].江苏城市规划，2018(3)：34 – 40.

[94] 种桂梅.基于微气候效应的城市多层居住区内开放空间优化配置研究[D].南京：南京大学，2018.

[95] 李京津，王建国.南京步行街空间形式与微气候关联性模拟分析技术[J].东南大学学报（自然科学版），2016，46(5)：1103 – 1109.

[96] 杨阳，唐晓岚，吉倩妏，等.基于 ENVI-met 模拟的南京典型历史街区微气候数值分析[J].苏州科技大学学报（工程技术版），2018，31(3)：33 – 40.

[97] 李坤明.湿热地区城市居住区热环境舒适性评价及其优化设计研究[D].广州：华南理工大学，2017.

[98] 王频.湿热地区城市中央商务区热环境优化研究[D].广州：华南理工大学，2015.

[99] 洪波，罗建让.改善居住区室外微气候的园林绿化设计策略[M].杨凌：西北农林科技大学出版社，2015.

[100] WILLEMSEN E，WISSE J A. Design for wind comfort in the Netherlands：procedures，criteria and open research issues[J]. Journal of Wind Engineering and Industrial Aerodynamics，2007，95(9/10/11)：1541 – 1550.

[101] 中华人民共和国住房和城乡建设部.绿色建筑评价标准：GB/T 50378—2019[S].北京：中国建筑工业出版社，2019.

[102] LAWSON T V. The effect of wind on people in the vicinity of buildings[C]//4th International Conference on Wind Effects on Buildings and Structures，London，1975. Cambridge：Cambridge University Press，1975.

[103] JACKSON P S. The evaluation of windy environments[J]. Building and Environment，1978，13(4)：251 – 260.

[104] BOTTEMA M. Wind climate and urban geometry：doctoral dissertation [D]. Eindhoven：Technical University of Eindhoven，1993.

[105] HOPPE P. Different aspects of assessing indoor and outdoor thermal comfort[J]. Energy and Buildings，2002，34(6)：661－665.

[106] GAGGE A P. A standard predictive index of human response to the thermal environment[J]. ASHRAE Transactions. 1986，92：709－731.

[107] MAYER H，Höppe P. Thermal comfort of man in different urban environments[J]. Theoretical and Applied Climatology，1987，38(1)：43－49.

[108] FANGER P O. Thermal comfort：analysis and applications in environmental engineering[M]. Copenhagen：Danish Technical Press，1970.

[109] 王兴.天津地区地被植物生态化景观设计研究[D].天津：天津大学,2017.

[110] 陈新.城市绿化应注意乔灌草的合适比例[J].上海建设科技,1996(5):42.

[111] 张小卫,李湛东,王继利,等.北京市不同绿地类型乔灌比例分析[J].北京林业大学学报,2010,32(S1):183－188.

[112] SERGE S.城市与形态：关于可持续城市化的研究[M].陆阳,张艳,译.北京：中国建筑工业出版社,2012.

[113] 韩宗伟,王嘉,邵晓亮,等.城市典型地下空间的空气污染特征及其净化对策[J].暖通空调,2009,39(11):21－30.

[114] 陈玖玖,张杰,朱奋飞.地下空间排风竖井对地面空气质量影响分析及布置优化[C]//全国暖通空调制冷学术年会.杭州,2010.

[115] 王宗爽,武婷,车飞,等.中外环境空气质量标准比较[J].环境科学研究,2010,23(3):253－260.

[116] 沈纹.新版《建筑设计防火规范》GB 50016—2014 的解读[J].工程建设标准化,2015(1):54－59.

[117] 中华人民共和国卫生部.人防工程平时使用环境卫生标准：GB/T 17216—1998[S].北京：中国标准出版社,2004.

[118] 中国预防医学科学院环境卫生监测所.商场（店）、书店卫生标准：GB 9670—1996[S].北京：中国标准出版社,1996.

[119] 中国预防医学科学院环境卫生监测所.公共交通等候室卫生标准：GB 9672—1996[S].北京：中国标准出版社,1996.

[120] 中华人民共和国卫生部.工作场所有害因素职业接触限值：GBZ 2—2002[S].北京：法律出版社,2004.

[121] 国家质量监督检验检疫总局,卫生部.室内空气质量标准：GB/T 18883—2022[S].北京：中国标准出版社,2003.

附　录

附录1　南京商业住宅楼盘调研统计

序号	小区	绿化率	容积率	建筑布局	建筑类别	停车方式	地址
1	银龙翠苑	37%	1.69	围合式、行列式	板楼、高层	地上和地下	秦淮区高桥门200号
2	世贸璀璨滨江	41%	3.05	围合式、行列式	塔楼、超高层	地上和地下	南通路118号
3	金象朗诗红树林	41%	2.50	围合式、行列式	高层	地上和地下	江山路6号
4	尚都荟花园	30%	2.50	行列式	高层	地上和地下	金阳东街18号
5	仁恒桃园世纪	30%	2.57	行列式	小高层、高层	地上和地下	热河南路与白云亭路交汇处
6	中海桃源里桃源花园	30%	2.80	围合式	塔楼、小高层	地上和地下	姜家圩路与淮滨路交汇处
7	华新城璟园	66%	1.90	围合式	小高层、高层	地上和地下	巴山路33号
8	涟城	35%	3.00	点式	板楼、多层、超高层	地上和地下	怡康街8号
9	翡翠天际	30%	2.50	围合式、行列式	板楼、高层	地上和地下	宁芜铁路与雨花南路交汇处

序号	小区	绿化率	容积率	建筑布局	建筑类别	停车方式	地址
10	中南锦苑	30%	3.26	围合式	塔楼、多层、超高层	地上和地下	软件大道与国有空地交汇处
11	恒大翡翠华庭	33%	2.77	围合式、行列式	板楼、小高层、超高层	地下	华飞路1号
12	招商正荣东望府	30%	2.30	围合式	板楼、小高层、高层	地上和地下	九乡河东路与四望路交汇处
13	熙悦	42%	2.80	围合式、行列式	小高层、多层	地上和地下	运粮河东路99号
14	融侨观澜	36%	2.70	围合式	板楼、小高层、高层	地上和地下	东山街道龙昌路50号
15	雍福龙庭	43%	1.29	围合式	塔楼、板塔结合、多层、小高层	地上和地下	将军大道129号
16	翠屏滟紫台	41%	1.45	围合式	板楼、板塔结合、多层、小高层	地上和地下	韩府路18号
17	翠屏诚园	41%	1.30	围合式	塔楼、板塔结合、小高层、超高层	地上和地下	双龙大道3000号
18	武夷名仕园	35%	1.70	围合式、行列式	板塔结合、小高层	地上和地下	平和路8号
19	东骏悦府	31%	2.99	围合式	板楼、小高层、超高层	地下	莉湖西路31号
20	紫艺华府	35%	2.20	围合式	塔楼、板塔结合、小高层	地下	新城横二路与松杨路交汇处
21	花样年花样城	35%	2.00	围合式	板楼、低层、多层、小高层	地下	双高路50号
22	景湖名都	35%	1.40	行列式	低层、多层	地上和地下	育才西路91号
23	中建国熙台	35%	2.20	围合式	高层	地上和地下	新浦路和康安路交汇处

续表

序号	小区	绿化率	容积率	建筑布局	建筑类别	停车方式	地址
24	仙林印象	44%	2.48	围合式	板楼、小高层、高层	地上和地下	宝华大道与射乌桥路交汇处
25	仁恒桃园世纪	30%	2.57	围合式	叠拼、小高层、高层	地上和地下	热河南路与白云亭路交汇处
26	华侨城翡翠天域	35%	1.70	行列式	板楼、多层、小高层、超高层	地上和地下	工农路与疏港大道交汇处
27	绿地理想城	35%	2.10	行列式	塔楼、低层、小高层、超高层	地上和地下	正方中路与尚高东路交汇处
28	保利云禧	35%	1.71	行列式	塔楼、多层、小高层	地上和地下	建设路与巩固路交汇
29	万国府	33%	2.55	围合式	小高层、多层	地上和地下	热河南路与淮滨路交汇处
30	金鼎湾如院	35%	1.60	行列式	多层、小高层	地上和地下	中山北路279号
31	卓越浅水湾	32%	1.30	行列式	多层、小高层	地上和地下	湖滨大道与戴村路交汇处
32	星叶瑜憬湾	35%	2.20	行列式	多层、高层	地上和地下	网板路8号
33	中国铁建青秀城	35%	2.99	行列式	小高层、超高层	地上和地下	迈尧路327号
34	弘阳燕江府	38%	3.00	行列式	超高层	地上和地下	太新路与嵩山路交汇处
35	星叶枫情水岸	35%	1.80	行列式	多层、小高层	地上和地下	仙林大道与上泉村交汇处
36	和峰南岸	35%	3.00	行列式	高层	地下	岱山北路与岱山中路交汇处
37	中海城南公馆	35%	3.42	行列式	多层、小高层、高层	地下	七贤街29号
38	石林云城	43%	1.74	行列式、围合式	低层、多层、高层	地上和地下	凤集大道6号

序号	小区	绿化率	容积率	建筑布局	建筑类别	停车方式	地址
39	中南锦苑	30%	3.26	围合式	多层、超高层	地上和地下	软件大道与国有空地交汇处
40	升龙天汇	38%	2.75	行列式	高层、超高层	地上和地下	新梗街与新河路交汇处
41	绿地华侨城海珀滨江	35%	2.40	行列式	多层、超高层、低层	地上和地下	龙王大街与扬子江大道交汇处
42	星河天赋	35%	2.20	行列式	多层、小高层、高层	地上和地下	恒嘉路18号
43	大发融悦	30%	1.50	行列式	多层、小高层	地上和地下	双拜岗路135号
44	银城东岳府	35%	2.34	行列式	多层、小高层、高层	地下	海福巷71号
45	葛洲坝融创紫郡府	36%	2.00	行列式	多层、高层	地上和地下	双龙大道与云台山河路交汇处
46	朗诗玲珑郡	38%	2.50	行列式	高层	地上和地下	天环路和天佑路交汇处
47	恒大悦澜湾	35%	2.80	行列式	高层、小高层	地上和地下	嘉业路与紫金三路交汇处
48	中南上悦城	35%	2.70	行列式	高层	地上和地下	上高路与万安北路交汇处
49	金陵雅颂居	30%	2.60	行列式	高层	地上和地下	大光路67号
50	保利堂悦翡翠公馆	35%	4.00	行列式	高层、超高层	地下	卡子门大街与汇景北路交汇处
51	时代天樾	34%	3.30	行列式	小高层、高层	地下	永胜路与东麒路交汇处
52	世茂梦享家	35%	1.50	行列式	小高层	地上和地下	瑞文路199号
53	北外滩水城	32%	2.10	行列式	低层、多层、小高层、超高层	地上和地下	浦洲路66号
54	电建海赋尚城	30%	3.20	围合式	板楼、超高层	地上和地下	经五路32号

附录2 不同地下空间覆土深度对应的不同地面 绿化配置对室外微气候各指标的影响

表1 行列式布局中不同地下空间覆土深度对应的不同地面绿化配置对室外微气候各指标的影响

覆土深度/cm	可种植的植物	地面绿化配置		风速/(m·s⁻¹)	空气温度/℃	相对湿度/%	平均辐射辐射/℃	人体热舒适度/℃
10~20	草	草		0.975	23.436	54.709	56.700	33.766
30~40	小灌木	小灌木		0.960	23.448	54.816	56.243	33.706
45~60	大灌木	大灌木		0.968	23.368	54.881	55.724	33.582
		大灌木+小灌木		0.953	23.431	54.677	54.971	33.605
		大灌木+草		0.965	23.383	54.866	55.717	33.651
80~90	小乔木	横向乔木		0.944	23.422	54.936	53.350	33.278
		竖向乔木		0.961	23.428	54.841	54.618	33.437
		中高层植物搭配	A—竖向乔木+横向乔木+大灌木	0.948	24.075	54.869	54.229	33.426
			B—竖向乔木+横向乔木+大灌木	0.945	23.425	54.884	54.107	33.408
			C—竖向乔木+横向乔木+大灌木	0.935	23.414	54.931	53.898	33.377
		中低层植物搭配	A—竖向乔木+大灌木+小灌木	0.959	23.441	54.803	54.495	33.427
			B—竖向乔木+大灌木+小灌木	0.958	23.435	54.823	54.380	33.415
			C—竖向乔木+大灌木+小灌木	0.956	23.427	54.846	54.184	33.390

注:A/B/C—竖向乔木+横向乔木+大灌木分别表示乔灌木比例为2:3、1:2、1:3;
  A/B/C—竖向乔木+大灌木+小灌木分别表示乔灌木比例为2:3、1:2、1:3。

表2 围合式布局中不同地下空间覆土深度对应的不同地面绿化配置对室外微气候各指标的影响

覆土深度/cm	可种植的植物	地面绿化配置		风速/(m·s⁻¹)	空气温度/℃	相对湿度/%	平均辐射辐射/℃	人体热舒适度/℃
10～20	草	草		1.038	23.395	55.518	54.304	33.005
30～40	小灌木	小灌木		1.026	23.500	55.617	53.922	32.930
45～60	大灌木	大灌木		1.032	23.350	55.654	53.541	32.889
		大灌木＋小灌木		1.017	23.386	55.517	52.993	32.762
		大灌木＋草		1.028	23.322	55.632	53.533	32.831
80～90	小乔木	横向乔木		1.017	23.381	55.695	53.213	32.844
		竖向乔木		1.026	23.378	55.661	52.916	32.735
		横向乔木＋竖向乔木		1.017	23.390	55.690	52.966	32.792
		中高层植物搭配	A—竖向乔木＋横向乔木＋大灌木	1.020	23.378	55.639	53.392	32.845
			B—竖向乔木＋横向乔木＋大灌木	1.019	23.374	55.633	53.351	32.843
			C—竖向乔木＋横向乔木＋大灌木	1.018	23.368	55.637	53.251	32.831
		中低层植物搭配	A—竖向乔木＋大灌木＋小灌木	1.019	23.388	55.647	52.758	32.716
			B—竖向乔木＋大灌木＋小灌木	1.018	23.384	55.653	52.686	32.709
			C—竖向乔木＋大灌木＋小灌木	1.016	23.380	55.664	52.591	32.700

注:A/B/C—竖向乔木＋横向乔木＋大灌木分别表示乔灌木比例为2∶3、1∶2、1∶3;

A/B/C—竖向乔木＋大灌木＋小灌木分别表示乔灌木比例为2∶3、1∶2、1∶3。